NFC 技术进阶篇

王晓华　编著

北京航空航天大学出版社

内 容 简 介

本书主要介绍了NFC移动支付中的SE安全芯片，内容包括安全芯片安全等级的通用标准，安全芯片基本的硬件设计过程，OCR、CPLC、PUF、Glue Logic和Anti-tamper等硬件安全技术手段，安全芯片与外部主机端通信的详细GP & ISO/IEC7816-4软件接口等内容。

本书可作为NFC移动支付开发人员的参考用书。

图书在版编目(CIP)数据

NFC技术进阶篇 / 王晓华编著. -- 北京 ：北京航空航天大学出版社，2019.6

ISBN 978-7-5124-3022-8

Ⅰ. ①N… Ⅱ. ①王… Ⅲ. ①超短波传播—无线电技术 Ⅳ. ①TN014

中国版本图书馆CIP数据核字(2019)第117831号

NFC技术进阶篇

王晓华 编著

责任编辑 孙兴芳

*

北京航空航天大学出版社出版发行

北京市海淀区学院路37号(邮编100191) http://www.buaapress.com.cn

发行部电话：(010)82317024 传真：(010)82328026

读者信箱：emsbook@buaacm.com.cn 邮购电话：(010)82316936

涿州市新华印刷有限公司印装 各地书店经销

*

开本：710×1 000 1/16 印张：13.5 字数：241千字

2019年6月第1版 2019年6月第1次印刷 印数：3 000册

ISBN 978-7-5124-3022-8 定价：49.00元

若本书有倒页、脱页、缺页等印装质量问题，请与本社发行部联系调换。联系电话：(010)82317024

序　言

十月的北京开始进入初冬季节，天气慢慢变得干燥起来，我一直没有太适应这样的冬天。但是，对我而言，气温较低的月份却是一段让我有种心中窃喜的时期，因为它是使我能够静下心来思考一些问题的最佳时间。两年多前，北京航空航天大学出版社（简称北航出版社）出版了我人生中的第一本技术书——《NFC 技术基础篇》，现在回想起来还是非常的兴奋和感激。记得当初与胡老师沟通有关书中的细节时，对于如何做一套实用类的工具型案头入门书，双方观点竟然出奇的相似，我们都希望读者在阅读完全书后能够建立一个 NFC 的系统级概念，并能获得相关的技术，并且当读者在学习或者工作中再次遇到具体的 NFC 问题时，还能够对照《NFC 技术基础篇》这本书进行相关的研究；不希望把书做成偏实用的案例型的参考书，因为关于这方面的资讯，互联网上的资源异常丰富且更具时效性。

两年多来，通过从北航出版社的官方平台、线下书店、网络电商平台的用户评论、行业圈里的朋友和同事反馈等渠道了解到，大家还是非常认可《NFC 技术基础篇》这本书的！我认为这是一个作者最大的幸福。再次特别感谢胡老师的支持和认可，还有家人的理解以及对我无私的支持，当然还要感谢许多我认识的或未曾谋面的读者朋友。

我非常清楚地记得第一本书出版后读者的热烈反应，北航出版社也紧急催促我把 NFC 技术的进阶篇尽快完成并出版，我欣然答应了，但没有允诺具体的交稿日期，因为我确实无法预知我什么时候能交稿。自毕业参加工作以来，我工作时都有做学习笔记的习惯，笔记的主要内容就是学到的新知识和自己动手做实验的结果等。按照常理，书中最主要的资料都已经有了，编写书稿就是一个整理资料使其成册的过程，但是根据《NFC 技术基础篇》的出版经验，要完成一本书是需要花费大量的时间和精力的，学习笔记只是记录一个或者某个技术片段，离出版还有很大的距离，还需要做大量的工作。例如，对引用资料的来源和准确性要进行确认，对于实验或测试结果需要再次仿真，以确认是否准确和结果是否最优等。

去年六月份我对自己的职业生涯做了一个大的调整，把我的学习和研究方向从 NFC 和移动支付领域转到了 AI 人工智能和 IoT 物联网领域，所以这一年多来，我把工作和学习的重心放到了 AIoT 人工智能物联网的底层技术和通信协议的研究上，对于着手准备《NFC 技术进阶篇》又耽误了一年半的时间。在对待自己感兴趣的新鲜事物时，自认为的优点是非常的好奇和乐观，缺点就是无法双线程进行学习，而且整体的学习进度是属于比较慢的那种，这个与我的阅读习惯非常相似。前几个月，有一次去朋友 Lorenzo 的家里玩，大家坐在一起交流《三体》的读后感，朋友提及他在四五个小时的飞行中就可以比较轻松地把类似《三体》这样的书的其中一部读完，而且他认为这是一种非常正常的阅读速度，但是这个速度却给了我不小的震撼。

因为去年工作重心转变的原因，自己又无法做到多线程工作，所以也就无法短期内安下心来准备《NFC 技术进阶篇》的相关资料。转眼又快到了年末，北京的冬天也来了，较低的气温让我的思维立马变得敏捷起来，是时候把两年多前欠下的东西还上了。前两个月和胡老师进行了一次电话沟通，告诉他我准备开始着手《NFC 技术进阶篇》书稿的事情，希望听取他的意见和建议，他的回复是他那边没有问题，我听完后倍感温暖。通过这几年与胡老师的沟通，从一开始对他的误解，主要是书稿出版时间的问题，致使我对他的工作方式和风格有些不解，再到后来我慢慢了解了他的工作性质，让我看到他身上谨慎的工作态度和专业精神，使我受益匪浅，他是我的良师益友！这一次，他一如既往地支持我撰写《NFC 技术进阶篇》一书，我就要更加认真地准备和规划，争取比上一本做得更好一些。

虽然这一年多以来我的研究方向转到了人工智能和物联网领域，其中，人工智能领域主要偏向深度学习，这与 NFC 以及移动支付所研究的范畴区别还是非常大的；但是物联网领域所使用的底层技术，特别是相关的连接技术，与 NFC 还是有很多相似之处的，本质上 NFC 也是物联网连接的一种技术。所以，通过这一年多对物联网的实际接触和探索，我发现 NFC 技术在物联网方面可应用的领域比移动支付还要大得多，例如，智能设备的耗材防伪、接入网络的快速配对连接和物联网设备鉴权等；而且现在就已有一些基于 NFC 技术的智能设备实现了相关应用，例如，小米空气净化器中主机端对滤芯配件的鉴权和防伪，SONY 相机支持 NTAG 快速进行手机连接配对等。

还有智能门锁这一年多来也发展迅速，虽然现在主流的智能门锁还是以生物识别为主，特别是指纹识别技术确实有其非常重要的安全和便捷属性，但是存量市场还是有许多非接触卡片的门禁市场，特别是对于 2B 企业端的客户，例如小区和单元入口等，目前物业运营商针对这种用户场景还是偏向推荐原来的物理卡片来做门禁市场。另外，就是现在的一些旗舰手机和穿戴设备也开始支持 NFC 技术，并且支持复制传统门禁卡的 UID 到手机和穿戴设备上。基于上述原因，智能门锁市场中也开始有一些旗舰产品陆续支持 NFC 技术了。

我的一位同事，也是我非常尊重且极具创意精神的朋友——罗煜华先生，他是这个行业里的老兵了！我认为以他的工作资历和学习能力，完全没有必要再去看《NFC 技术基础篇》这类书了，但是，有一次我们刚好坐同一班飞机出差，他拿出《NFC 技术基础篇》那本书，非常认真地请教我一些具体的技术问题，然后在书本上认真地做着笔记，这着实让我非常的惊讶和感动！而且他还对这本书提出了一些改进意见和建议等，我也把这些内容记录到了我的手机便签中。其中，一个特别好的建议就是可以通过实际案例的形式，把相关的 NFC 和 SE 的技术穿插进去，这对于编写《NFC 技术进阶篇》一书是一个非常好的思路，我准备按照这个思路来编写这本书。在此特别感谢罗煜华先生！您是我见过的最优秀的市场销售人才之一，希望您永葆一颗创意的心。

另外，我想通过这本书来特别感谢曾经对我有过莫大帮助的两位领导——田陌晨先生和陈奕镇先生。田总能谋善断卓尔不群，极具商业洞察力和领导力；陈总温文尔雅宠辱不惊，对于商业见微知著且极具韧性。回想过去的八年，觉得自己非常幸运能在两位的领导下工作和学习，他们不仅带我走进了商业的世界，而且教会我许多为人处事的道理。田总教会我什么叫“人格平等，格局不同”，陈总则教会我“改变你能改变的，接受你不能改变的”，永远积极乐观地看待事情。在与两位领导的每次接触或者交谈中，总能学到一些东西或者激发我的一些思考；当我有新书出版，需要两位领导帮忙写推荐书评时，他们总是在第一时间给予反馈和支持，让我倍感温暖！在此，我衷心地祝愿两位领导在各自新的领域和岗位上，能够“长风破浪会有时，直挂云帆济沧海”。

我平时的工作非常忙，出差频率也非常高。我粗略地算了一下去年一整年的工作时段比例，近乎有三分之一的时间是在出差的途中，并且晚上还经常与国外的同事进行电话会议等，所以陪伴家人的时间非常少。而写书需要准备、整理相关资料，并将其论述成文，这需要花费更多的时间，因此留给家人的时间就更少了。但我的家人对我写书从未有过半句怨言，他们认为只要是我自己喜欢且愿意做的事情，他们都会一直支持我、鼓励我。没有他们的支持我根本无法完成。

我的孩子一开始对我经常没有时间陪伴她很不理解，有一次她同我讲起一个老师给她们讲的小故事，说姚明在他四岁生日时他的爸爸妈妈送给他一个篮球，后来姚明就慢慢地爱上了篮球。我就立刻好奇地问孩子:“在爸爸妈妈每年送你的礼物中,有没有哪件礼物是你最喜欢的?或者对你意义最大的?”她的回答是我前些时间在她们学校做的一期讲座。这期讲座的主题是“小手机,大学问”,其中有一个研究的小节就是NFC手机是如何具有北京公交卡功能的。准备讲座期间,她陪着我一起准备手机样机、公交卡,以及设计PPT文件,就是在这个过程中让她了解了我大概在做些什么事情,我写的那本书是关于什么的。再后来她每次看到我在计算机前写东西,但又有事想打断我时,都会主动和我商量需要等待多长时间,然后她再过来找我。孩子开始懂事了,我想这既是动力也是对我最大的支持!

从书的构思、整理、申报、编写、校订,再到最后的出版,在这个过程中给予我支持的人很多,需要感谢的人和组织也特别多,在此特别感谢北航出版社、恩智浦(中国)管理有限公司、小米科技有限公司、华为北研、杭州雅观科技有限公司、Mobile CBG、一起走过的日子、This's best moment、老高和他的朋友们、gogogo Team Outing、乌兰布统休闲游,有了你们的帮助,使得本书能够顺利出版。

王晓华

2019年2月14日

于北京市海淀区牡丹园

目　　录

第1章 概 述

在一个 NFC 移动支付系统中，NFC 主要负责通信部分，其中包括与外部非接触读头进行数据通信，以及把 APDU 数据转发到各种安全单元载体中；SE 安全单元则主要负责实际支付的物理载体，其中包括硬件安全和软件系统安全等。关于前者的技术部分在《NFC 技术基础篇》中已经做过介绍，所以本书的重点是介绍基于 NFC 技术的 SE 安全单元部分。

SE 安全单元的范畴也是比较笼统的，有人把一些基于逻辑加密卡或者具备一些硬件加解密的芯片称为 SE 芯片，例如，有人把 SIM 卡片的芯片或者门禁卡芯片等叫作 SE 芯片。因为 SE 芯片是一个硬性翻译过来的词语，所以如果只是从字面上进行理解，那么把这些类似的芯片也称为 SE 芯片是没有问题的，但是这些具有全球统一的或者约定俗成叫法的，产品本身还是有很多区别的，如下：

首先，对于类似使用状态机机制等实现的逻辑加密功能的芯片，例如恩智浦公司推出的 Mifare Ultralight 和 Mifare Classic 等产品，它们虽然在硬件层面上支持 3DES、Cryptol 和 AES 等算法，但是对于用户接口而言，已经支持一些特定的私有指令集，芯片在接收到私有指令后，再做相应的加解密和支付行为处理；再如，Auth with Key A(0x60)、Auth with Key B(0x61)，以及 Mifare Decrement(0xc0)、Mifare Increment(0xc1)等指令集在送到该逻辑加密芯片时，该芯片将通过原来设计好的逻辑处理流程，自动完成相关的加解密或者充值扣款的动作，而本身的逻辑处理并不可以修改或者进行二次编程处理。

其次，市面上还有一些加密芯片，它们可配合许多类型的微处理器芯片一起工作，为敏感信息提供永久的可靠性保护、物理保护机制和无痕迹存储器，有效保护敏感数据在遭遇物理攻击和篡改的情况下，进行即刻擦除外部存储器等保护处理。这种类似的加密芯片一般也会运行一段安全加密程序，但并没有任何的操作系统或者安全防火墙的概念，使用比较多的场景如在嵌入式系统中进行软件版权保护、物品配件或者辅料防伪鉴权、物联网联网安全证书校验等。对于这种类似的安全芯片，如美信半导体和国民技术等公司都有相关产品提供。根据行业的约定，并且为方便介绍本书，就把此类芯片统称为原生码安全芯片。

在一些原生码安全芯片中，也会对 ISO/IEC 7816－4 中的文件系统进行相关实现，包括实现的根目录文件(Master File MF)、基本文件(Elementary File，EF)和专用文件(Dedicated File，DF)。其中，主文件或者叫根目录文件实际上就是专用文件的一种，这也是一个必须实现的文件。因为之后所有的基本文件或者专用文件都必须与根目录文件通过指针地址、数据链表或者特殊的数据结构连接在一起，除根目录文件外，其他专用文件都是可选项。

基本文件又分成两种类型：第一种为内部类型，主要存储的数据是可以通过安全芯片本身进行解释的，即数据的分析和使用过程都是在安全芯片下进行管理和控制的；第二种为工作类型，这些存储的数据本身并不能用安全芯片本身进行解释，只是提供给在外部应用所使用到的数据。如图 1.1 所示的逻辑文件的组织结构，其中，双长方形中的根目录文件是必选项，它的下面可以挂基本文件和专用文件，专用文件下又可以挂基本文件和专用文件，并且可以依次进行层叠链接。在这种类似的层叠链接层数过多之后，当想选择当前任何一层的文件时，可以通过如下方式进行：

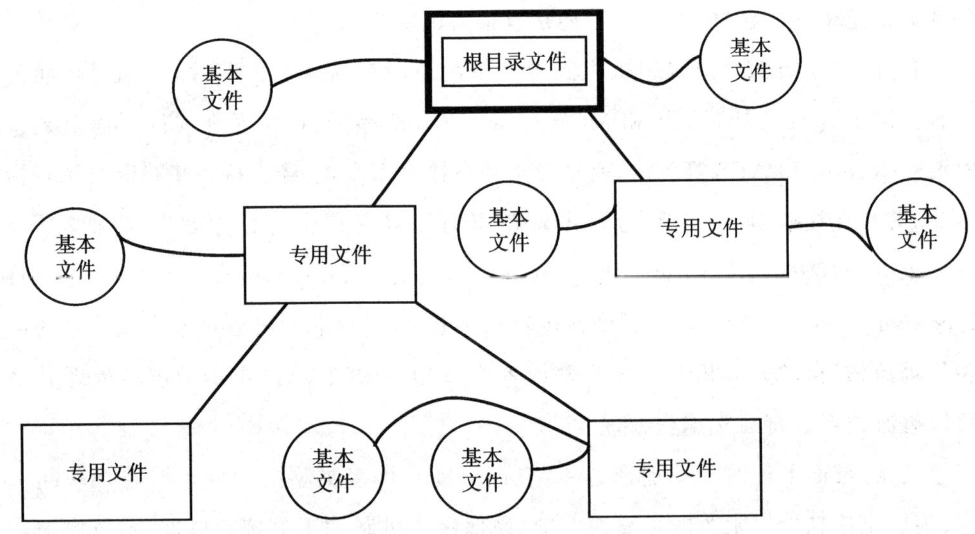

图 1.1　逻辑文件的组织结构

- 文件标识符方式(file identifier)；
- 来自根目录文件的路径(path from the MF)；
- 来自当前专用文件的路径(path form the current DF)；
- 专用文件的名称(DF name)。

对于具体的基本文件的实现，可以使用完全透明文件的格式，也可以使用线性固定或者TLV数据格式等。图1.2所示为当前主流的5种基本文件的数据格式。

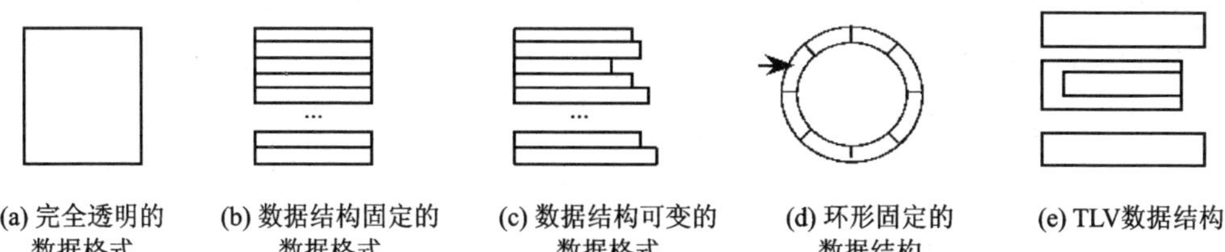

图1.2 主流的5种基本文件的数据格式

第一种因为完全在一个数据容器里，所以不方便做索引管理，实际商用时使用得并不多；第二种由于其所有的数据结构体大小一致，所以有时会造成内存浪费；第三、四和五种是当前最主要的实现基本文件的数据格式，但在实际的商用部署中第三种和第五种是使用最广泛的。

对于此类安全芯片所包括的文件系统和数据结构，其主要的描述均在ISO/IEC 7816-4规范中，可以说，早期的SE安全芯片也都是从这个规格开始的。对于许多的APDU命令，其命令格式的CLA值以0x0x或0x1x开头的表示支持ISO/IEC 7816-4的命令，以0x8x或0x9x开头的表示专有命令，例如统一平台标准的命令(Global Platform，GP)。

最后一大类就是基于统一平台标准的安全芯片，这类芯片对比上面两大类：第一，提供了应用层程序以及统一标准化的编程接口，这样在调用不同的加解密算法时，有了灵活、标准化且统一的接口，方便上层应用程序的开发和应用；第二，在上层应用程序和底层硬件之间，有了操作系统和防火墙的概念和设计，对上层可提供相关内存管理、硬件加解密算法调用接口、应用和安装管理等，对下层最主要的功能就是实现了应用处理器跨平台处理的功能，实现了Java字节码解释器的功能；第三，还有特别重要的一层，就是对产品从硬件、操作系统、防火墙子系统和应用程序等方面提供了生命周期管理的概念，这样在某种意义上算是真正地实现了硬件安全的设计；第四，对于整个芯片硬件、操作系统和应用等，提供了一整套的安全测试规范，其宗旨是为了让搭建的整个系统达到安全标准的等级，使最终实现通过验证的整套硬件产品可信赖，并且它是支持统一平台标准的。

这里介绍的统一平台标准以及 Java Card API 标准，对于基于 SE 安全芯片开发的程序而言就是最主要的接口，接口主要包括编写 Applet 时的接口，其生命周期管理又包括可执行加载文件生命周期编码、应用程序生命周期编码、安全域生命周期编码和卡片生命周期编码。

可执行加载文件生命周期编码：

0x01	已装载模式(LOADED)

应用程序生命周期编码：

0x03	已安装模式(INSTALLED)
0x07	可选择模式(SELECTABLE)
0x07～0x7F	应用程序的特定状态(Application Specific State)
0x83	已锁定模式(LOCKED)

安全域生命周期编码：

0x03	已安装模式(INSTALLED)
0x07	可选择模式(SELECTABLE)
0x0F	已个人化模式(PERSONALIZED)
0x83	已锁定模式(LOCKED)

卡片生命周期编码：

0x01	运行环境准备就绪状态(OP_READY)
0x07	已初始化(INITIALIZED)
0x0F	安全模式(SECURED)
0x7F	卡片锁定模式(CARD_LOCKED)
0xFF	生命周期终止模式(TERMINATED)

生命周期管理可以说是 SE 安全芯片的一个重点，后续章节将对该内容进行比较详尽的总结和说明。

本书将用少量篇幅来介绍逻辑加密芯片和原生码安全芯片的基本原理，用大量篇幅来介绍统一平台标准的安全芯片。其中，还有一主要内容是介绍统一平台标准的安全芯片与 NFC 射频前端控制器之间的通道数据问题，对于 SE 安全芯片，其实完全可以设计成一个独立运行的 SE 芯片小系统，直接与微控制器进行通信。实际上，在许多电路设计中已有相关的应用案例，例如，Apple Watch 3 中关于 eSIM 的设计，就使用了一颗由 ST 意法半导体公司生产的 SE 安全芯片；金雅拓 Gemalto 的 SE

安全芯片，赢得了微软平板电脑市场；谷歌公司的Google Pixel 2和Pixel 2 XL支持eSIM功能。这些安全芯片本身并不与NFC直接连接，但是它们与主机端系统通过I2C、SPI或者UART的物理接口进行连接。

对于上述SE安全芯片的主机端访问设计，基本符合ISO 7816标准中的APDU格式。对于I2C、SPI或者UART的物理接口，其实就是在物理连接的数据包上加入了APDU的数据格式，这部分内容将在后续章节中介绍。

后续章节中将重点介绍与NFC相关的通信内容，其中，物理通道有：恩智浦公司的模拟信号接口(Sigin-Sigout-Connection，S2C)，该接口进入国际标准后，公开的标准名改为NFC有线接口(Near Field Communication Wired Interface，NFC-WI)；英飞凌公司的数字非接触式桥接口(Digital Contactless Bridge，DCLB)复旦微电子曾主推过的增强型单线接口(enhanced Single Wire Protocol，eSWP)，其原理就是在使用传统的SWP物理单线接口的基础上，把其分成电流和电压两根物理线路进行通信。当然，还有许多其他的物理连接接口，表1.1所列为NFC与SE安全芯片之间的部分安全物理通道。

表1.1 NFC与SE安全芯片之间的部分安全物理通道

安全物理通道	说 明
SWP(Single Wire Protocol)	参考规范《ETSI TS 102 613》
eSWP(enhanced SWP)	复旦微电子的私有规范
DWP(Dual Wire Protocol)	恩智浦公司的私有规范
DCLB(Digital Contactless Bridge)	英飞凌公司的私有规范
ACLB(Active Contactless Bridge)	奥地利微电子公司的私有规范
NFC-WI(Near Field Communication Wired Interface)	参考规范《ISO/IEC 28361》或者《ECMA-373》
S2C(Sigin-Sigout-Connection)	参考规范《ISO/IEC 28361》或者《ECMA-373》

对于表1.1所列的物理通道部分，本书不做过多介绍，但是，对于其通信管道的建立，将进行相关的案例分析和示例介绍。

对于SE安全芯片的操作系统和应用程序的原理和示例，本书将用少数章节进行介绍和讲解；另外，对于统一平台标准和Java Card标准接口，本书也将用少量的章节进行介绍。如果想要了解更多的细节，则可进入官方网站搜阅相关资料。

关于书中多种加密算法的具体算法的原型和实现可以参考相关资料，本书之所以设置相关章节，是为了阅读的连贯性和必要性，因为在后续章节中需要相关的技术支持。比如，在 SE 安全芯片中建立安全通道，它就使用了许多加密算法，这可能也是 SE 安全芯片中一个最主要的技术板块。

第2章　术语和缩略语

在《NFC技术基础篇》一书中已介绍了大量的与NFC技术相关的约定俗成的符号、术语和缩写形式等，本章将重点梳理并总结与SE安全芯片和全球统一平台标准相关的一些术语和缩略语，详见表2.1。

表2.1　SE安全芯片和全球统一平台标准术语

标　示	出处和解释
JCOP	Java卡开放平台，恩智浦公司的SE安全芯片的操作系统代号
VGP	Visa客制化的统一平台标准(Visa Global Platform)
CM	卡片管理(Card Manager)程序
APDU	应用协议数据单元(Application Protocol Data Unit)
ATR	复位响应命令(Answer to Reset)
ATS	选择应答命令(Answer to Select)
WTX	等待时间扩展(Waiting Time eXtension)
CLA	指令类(Class Byte)
INS	指令码(Instruction Byte)
SW	状态字(Status Word)
P1,P2	命令参数(Parameter)
Lc	命令体数据长度
Le	响应体数据长度
T = 0	异步字符的半双工传输
T = 1	块的半双工异步传输
T = 2, 3	保留为将来的全双工操作用途
T = 4	预留给增强的异步字符的半双工传输用途
T= 5 − 13	保留为将来使用的用途
T = 14	ISO/IEC JTC 1 SC 17未标准化的传输协议
T = 15	非标准的传输协议，只针对限定符的全局接口字节数
T = CL	非接触运行模式(ISO/IEC 14443 contactless operation mode)
J2EE	Java平台企业版(Java 2 Platform Enterprise Edition)
J2SE	Java平台标准版(Java 2 Platform Standard Edition)

续表 2.1

标　示	出处和解释
SCP	安全通道协议(Secure Channel Protocol)
SCP 01	GP 规范中已经弃用该协议
SCP 02	安全通道中的核心加密算法为 3DES
SCP 03	安全通道中的核心加密算法为 AES
SCP 10	安全通道中的核心加密算法基于非对称加密和 PKI 公钥
SCP 11	安全通道中的核心加密算法为 ECC
SCP 22	GP 规范正在审核该协议
qPBOC	快速银联智能借记卡(quick People's Bank of China)
qVSDC	快速 Visa 智能借记卡(quick Visa Smart Debit Credit)
PayPass	万事达非接触式信用卡
UID	唯一识别号(Unique Identifier)
ICAO	国际民航组织(International Civil Aviation Organization)
BAC	基本访问控制(Basic Access Control)
SFI	单一故障注入(Single Fault Injection)
SFA	静态故障分析(Static Fault Analysis)
DFA	差分故障分析(Differential Fault Analysis)
RID	注册应用程序提供者标识符
PIX	专有应用程序标识符扩展(Proprietary application Identifier eXtension)
ISD	主控安全域(Issuer Security Domain)
SSD	辅助安全域(Supplementary Security Domain)
ELF	安装包文件(Executable Load File (Package))
EM	应用程序(Executable Module(Applet))
CRS	非接触式注册表服务(Contactless Registry Service)
PPSE	近距离支付系统环境
AAUI	应用程序激活用户界面(Application Activation User Interface)
DMSD	委托管理安全域(Delegated Management Security Domain (GP 2.1.1))
AMSD	授权管理安全域(Authorized Management Security Domain (GP 2.2))
FASD	最终应用程序安全域(Final Application Security Domain (GP 2.2))
CASD	控制权限安全域(Controlling Authority Security Domain)
ARA-C,M	访问规则应用程序、客户端、主机端(Access Rule Application Client, Master)
ARF	访问规则文件(Access Rule File)
CPLC	卡片生产生命周期(Card Production Life Cycle)

续表 2.1

标　示	出处和解释
CVM	持卡人验证方法(Cardholder Verification Method)
KCV	密钥校验值(Key Check Value)
M4M	软件模拟 Mifare 卡片
SIO	可共享的接口对象(Shareable Interface Object)
UICC	通用集成电路卡(Universal Integrated Circuit Card)
MMPP	移动万事达非接支付应用(Mobile MasterCard Pay Pass)
TP	信任预配置(Trust Provisioning)
KDS	密钥交付系统(Key Delivery Service)
KMS	密钥管理系统(Key Management Service)
CA	认证授权(Certificate Authority)
PP	保护配置文件(Protection Profile)
ST	安全目标(Security Target)
TOE	评估目标(Target of Evaluation)
SFRs	安全功能需求(Security Functional Requirements)
SARs	安全保障需求(Security Assurance Requirements)
EAL	评估保证等级(Evaluation Assurance Level)
SCC	加拿大标准理事会(Standards Council of Canada)
COFRAC	法国认证委员会
CESTI	法国信息技术安全评估中心
ANSSI	国家信息系统安全机构
UKAS	英国认证服务(United Kingdom Accreditation Service)
CLEF	商业评估设施(Commercial Evaluation Facilities)
NIST	国家标准技术局(National Institute of Standards and Technology)
NVLAP	国家自愿实验室认可计划(National Voluntary Laboratory Accreditation Program)
CCTL	通用标准测试实验室(Common Criteria Testing Laboratories)
BSI	德国联邦航空公司提供的信息
CCN	国家密码逻辑中心(National Cryptologic Center)
NSCIB	荷兰信息技术安全认证计划(Netherlands scheme for Certification in the Area of IT Security)
ITSEF	资讯科技保安评估设施(IT Security Evaluation Facilities)
CCRA	共同准则认可安排(Common Criteria Recognition Arrangement)
cPP	协同保护配置文件(collaborative Protection Profile)
iTC	国际技术社区(international Technical Communities)

续表 2.1

标　示	出处和解释
GCN	政府计算机新闻网(Government Computing News)
CCEVS	通用标准评估和验证方案(Common Criteria Evaluation and Validation Scheme)
NIAP	国家信息保证合作组织(National Information Assurance Partnership)
FOSS	免费和开源软件(Free and Open-Source Software)
Vcc	电源电压正极
RST	服务信号(Reset)
CLK	时钟信号(Clock)
RFU	预留给将来使用(Reserved for Future Use)
GND	接地信号
Vpp	编程电压
I/O	输入或输出(Input or Output)
SM	加密信息(Secure Messaging)
TLV	标签,长度,键值(Tag, Length, Value)
SEID	安全环境标识符字节(Security Environment IDentifier byte)
MAC	信息认证码(Message Authentication Code)

第 3 章　SE 安全芯片

正如本书开篇所说，本书将重点放在介绍支持 GP 统一平台的环境上，即跨平台的虚拟机系统、安全防火墙技术。对于如下几类安全芯片，本书将不介绍：

— 基于状态机技术的鉴权芯片；

— 逻辑加密功能的芯片；

— 原生码安全芯片；

— 支持文件系统的原生码安全芯片。

对于基于统一平台标准的安全芯片，它们具备的特性有：第一，它一定支持所有的 GP 统一平台卡规范；第二，对于第三方开发者，当拿到产品需要开发第三方应用程序时，其实并不需要了解与该 SE 安全芯片硬件相关的信息，因为对开发者所开放的接口就是 GP 和 Java Card 的编程接口和规范；第三，该 SE 安全芯片所有的密钥、证书和签名，软件、硬件和系统安全，生命周期管理等，一定是经过第三方安全实验室测试并取得资质认可的。

对于 SE 安全芯片，最开始进入应用市场的是卡片，所以在许多的标准和规范中所提到的卡片其实就是指 SE 安全芯片。对于卡片，Java 卡中已有相关的定义，另外，由于 GP 统一平台卡规范部分所引用的标准繁多，表 3.1 所列仅为 GP 和 Java 中所涉及卡片部分的标准。

表 3.1　GP 和 Java Card 中所涉及卡片部分的标准

规范参考	规范名称
GP 统一平台卡规范	
Global Platform 2.2.1, Core specification	统一平台卡核心规范
Global Platform 2.2, Amendment A	卡内容保密管理(Confidential Card Content Management)
Global Platform 2.2, Amendment B	通过 HTTP 进行远程应用程序管理(Remote Application Management over HTTP)

续表 3.1

规范参考	规范名称
Global Platform 2.2，Amendment C	非接触交易服务 Contactless Service
Global Platform Secure Element Configuration	本文档描述了用于安全元素的 GP Card 规范的具体实现
Global Platform Secure Element Remote Application Management	GP 器件技术安全元件远程应用管理
Global Platform Secure Element Access Control	GP 器件技术安全元件访问控制
Global Platform UICC Configuration	UICC 配置管理
Global Platform UICC Configuration Contactless Extension	本文档定义了配备非接触式功能的 UICCs 的 GP UICC 配置的扩展
Global Platform UICC Compliance Test Suite	UICC 符合性测试套件(UICC Compliance Test Suite)
Global Platform UICC Contactless Extension Test Suite	UICC Contactless Extension Test Suite UICC 非接触式扩展测试套件
GlobalPlatform Card Specification v2.1.1	2003 年 3 月发布的统一平台卡核心规范 V2.1.1 版本
Java 卡规范	
Java Card 3.0.1	Java 卡规范 V3.0.1 版本
Java Card 2.2.2	Java 卡规范 V2.2.2 版本

对于现在市面上大量商用的 SE 安全芯片的内核，有许多使用的是 ARM 公司的 SecurCore SC300 处理器，这颗 ARM 内核是专门针对高性能智能卡和嵌入式安全领域设计的。SC300 是在行业标准认可的 Cortex - M3 处理器的基础上，外加了一些已验证的安全特性，使其在保证高水平运算处理的基础上，更强调了安全的应用程序。ARM 公司的 SecurCore 处理器可应用在最广泛的 32 位处理器的智能卡领域中，也包含本书介绍的 SE 安全芯片领域。

当前 SE 安全芯片商用领域大量使用了 ARM 公司的 SecurCore 系列产品，其中，对 SC300 处理器的使用又最为广泛。这是因为 SC300 处理器具有以下几个特点：

① 高性能信号处理。处理器执行 Thumb－2 指令集，包括硬件除法、单周期乘法和动态低功耗的位域操作。

② 投入市场的时间较短。因为内核中最核心的部分还是基于 ARM 架构 Cortex－M3，所以软件的开发和上手都比较容易。

③ 拥有完善的生态系统。开发人员可以使用 ARM 公司的广泛的生态系统，保护嵌入式开发工具套件、软件包和知识库等。

因为 ARM 公司的 SecurCore SC300 处理器在 SE 安全芯片中使用广泛，所以，这里就以 SC300 安全内核为例。图 3.1 所示为 SC300 安全内核的框图，其中包括支持 Thumb－2 指令集的 Armv7－M 的 CPU 嵌套向量中断控制（Nested Vectored Interrupt Controller，NVIC）、唤醒中断控制（Wake-up Interrupt Controller，WIC）、3 条高级高性能总线（Advanced High Performance Bus，AHPB）、内存防复制功能（Memory Protection Unit，MPU）、仪器跟踪宏单元（Instrument Trace Macrocell，ITM）、嵌入式跟踪宏单元（Embedded Trace Macrocell，ETM）、程序断点管理单元、数据观察断点单元管理、有调试功能的 JTAG 口（Joint Test Action Group）和串行总线口。最后，在这些所有的硬件单元基础上覆盖了一层防篡改（Anti-tampering）

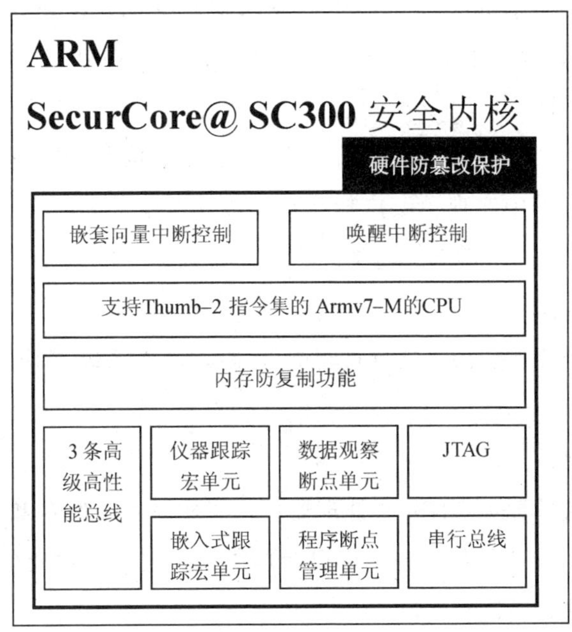

图 3.1　SC300 安全内核的框图

的保护措施。下面将分别进行介绍。

— Armv7 - M 的 CPU：

该 CPU 的 Arm 的核名字为 Cortex - M3，架构名字为 Armv7 - M，它支持 3 级指令流水线，支持 Thumb - 1，2 指令集，支持乘除指令集。

— 嵌套向量中断控制：

嵌套向量中断控制器将区分所有异常的优先等级并对其进行处理。当出现各种异常时，处理器的状态将被自动存储到堆栈中，并在中断服务程序（Interrupt Service Routine，ISR）结束时自动从堆栈中恢复。期间取出向量和保存状态是同时进行的，这样有助于提高进入中断服务程序的效率。

— 唤醒中断控制：

唤醒中断控制器主要应用在特定的低功耗状态下，它会由一个独立于单元外的侦测进行中断唤醒。例如，在状态保留功耗管理（State Reserved Power Management，SRPM）设计中，当处理器被关电时，主时钟和架构级时钟都会进行关闭，SRPM 通过关闭处理器的寄存器或者子模块的时钟输入来进行省电处理。

— AHB 总线：

3 条高级高性能总线中除了原来的系统总线负责 SRAM 存取外，还新增了 ICode、DCode 总线，分别用于完成 Flash 内存上指令和数据的存取。

— 内存防复制功能

它是一个基于硬件设计的内存保护功能，通常也是中央处理单元的一部分，主要是在低功率处理器中实现。微控制器允许特权软件定义内存区域并分配内存访问权限和记忆属性。

— 仪器跟踪宏单元：

仪器跟踪宏单元主要用于支持打印调试、跟踪操作系统、调试应用程序、发出诊断系统信息等。

— 嵌入式跟踪宏单元：

嵌入式跟踪宏单元为 ARM 微处理器提供了实时指令跟踪和数据跟踪功能，以及一些开发套件的跟踪软件工具。可以使用嵌入式跟踪宏单元生成的信息重建全部或部分程序的执行情况。

— 程序断点管理单元：

程序断点管理单元主要用于代码调试，方便查看和管理代码运行过程中的逻辑状态和参数变量的实际值等功能。

— 数据观察断点单元管理：

一般用数据观察断点单元管理来观察某个变量或者内存地址的状态，例如监控该变量或者内存值是否被程序读取或者改写。

— 调试功能的 JTAG 口和串行总线口：

JTAG 的主要功能有两个：第一个用于测试芯片的电气特性；第二个为调试功能，例如对各类芯片及其外围设备进行调试，其工作原理为一个含有 JTAG 接口模块的 CPU，在调试时只要时钟正常就可以通过 JTAG 接口访问 CPU 的内部寄存器，以及挂在 CPU 总线上的各种内部设备和内置模块的寄存器等。串行总线口主要用于打印调试的输出信息等。

— 防篡改保护：

防篡改保护主要是做一个基于硬件系统的隔离保护措施。隔离保护的措施包括编写软件时所要遵循的安全规范、避免信息泄漏和阻止故障注入方式等。

表 3.2 所列为 SecurCore SC300 处理器的特性参数。

表 3.2　SecurCore SC300 处理器的特性参数

SC300 处理器	180ULL (180 nm Ultra Low Powe,7 轨,1.8 V,25 ℃)	90LP(90 nm Low Powe,7 轨,1.2 V,25 ℃)	40LP(40 nm Low Powe,9 轨,1.1 V,25 ℃)
动态功耗/(μW · MHz^{-1})	162	37	13
平面布置图区域/ mm^2	0.40	0.10	0.028

一般情况下，SE 安全芯片除使用 ARM 公司的 SecurCore 核外，还会有很多额外的安全防护措施，例如，设计协处理器来做专门的硬件加解密引擎，支持真随机数发生器等。下面主要是市面上一些比较主流的安全防护方法。

— 安全传感器：

- 低和高时钟频率传感器；
- 低和高温度传感器；
- 低和高电源电压传感器；
- 单一故障注入(Single Fault Injection,SFI)攻击检测；
- 光传感器；
- 内存功能光传感器。

— 主动屏蔽机制。

— 每颗芯片裸片都拥有唯一标识号。

— 对时钟输入设置过滤器。

— 可选的可编程卡禁用功能。

— 对内存(RAM、NV 和 ROM 等)进行加密和物理防护措施。

SE 安全芯片应用的领域非常广泛,应用场合也是各式各样,其中,有比较独立使用的场合,如银行卡芯片、身份证和电子护照等;也有与主机控制端一起使用的场合,如指纹芯片卡、电子安全门锁等;还有与 NFC 结合使用的场合,如 NFC 手机支付系统等。当前 SE 安全芯片主要的应用领域如下:

— 芯片银行卡;

— 多应用程序卡片;

— 身份证;

— 健康卡;

— 电子驾照;

— 电子护照;

— 数字签名;

— 戒备森严的访问管理系统;

— 其他安全微控制器应用程序;

— NFC 移动支付;

— 硬件加密狗;

— 加密机。

对于安全应用方面,第三方开发者均遵循 GP 统一平台和 Java 卡规范,但是对于芯片硬件、操作系统、虚拟机、应用程序以及整个系统而言,现在主流的 SE 安全芯片主要还是遵循通用标准(Common Criteria, CC)。由于该通用标准组织代表了安全领域的严格性和专业性,所以这个标准也将成为全球商业 SE 安全芯片厂家所认可和遵循的事实规范。所以本书将重点介绍该通用标准,然后介绍 SE 安全芯片的硬件组成,接着介绍操作系统,最后介绍应用程序的开发。

第 4 章　通用标准

通用标准是一个为评估信息安全产品而开发的国际指导方针和规范，用于确保满足政府和行业机构要求所部署一个公认的安全标准。该标准更正式一些的名字为“信息技术安全评估的通用标准”，本书为了方便介绍，故统一称为通用标准。该标准现在已被国际化标准组织吸纳在 ISO/IEC 15408 信息技术-安全技术- IT 安全评估标准的计算机安全认证中。被吸纳到的国际化相关的安全规范如下：

- ISO/IEC 15408 - 1 信息技术-安全技术- IT 安全评值标准的介绍和通用模型；
- ISO/IEC 15408 - 2 信息技术-安全技术评估标准安全-安全功能组件；
- ISO/IEC 15408 - 3 信息技术-安全技术评估标准安全-安全保证组件。

计算机系统用户可以指定他们的安全目标（Security Target，ST）所需要具备的安全功能和需求保证，例如指定安全功能需求（Security Functional Requirements，SFRs）、安全保障需求（Security Assurance Requirements，SARs）等；而通用标准就是提供一个这样的安全参考框架，或者直接从保护配置文件（Protection Profiles，PPs）中去获取。

供应商可以根据通用标准最后的产品认证等级，来声称他们的产品所具备的安全属性，或者将产品送到相关的测试实验室进行安全等级评估，以确定它们是否满足相关安全等级的要求。另外，通用标准提供了安全规范过程的保证，以确保计算机安全产品的实现和评估。这些都是在与目标环境相适应的水平上进行的，并且认证的标准和过程都是执行的高标准和可重复性的操作原则。

该通用标准的组织成员的最主要的宗旨为：第一，确保评估的信息技术产品和保护配置文件都执行了高安全和一致性的标准，并且所有通用标准的参与者对这些信息技术产品和保护配置文件在安全方面都做出过显著贡献；第二，所有标准组织的成员都可以提升可用性评估标准，用于增强产品和保护配置文件的安全属性；第三，消除对信息技术产品和保护配置文件所进行的重复评估负担；第四，不断提高信息技术产品和保护配置文件在评估、测试、认证、验证过程中的效率和成本效益。

通用标准的目的是使一个客观的评价可以进行测试验证，特别是针对满足安全产品或系统所定义的一些安全需求集。虽然通用标准的重点是在评估，但是它也提出了一个安全开发人员所感兴趣和关注的标准。通用标准主要是由 6 个国家参与制定的，分别是美国、加拿大、法国、德国、荷兰和英国。这项标准是参考早期各国所建立的相关安全标准，如欧洲的信息技术安全评估标准（Information Technology Security Evaluation Criteria，ITSEC）、美国的可信计算机系统评估标准（Trusted Computer System Evaluation Criteria，TCSEC）和加拿大可信计算机产品评估标准（Canadian Trusted Computer Product Evaluation Criteria，CTCPEC）制定的。

本章介绍的通用标准核心文档是基于 3.1 的第 5 次修订版本，其中通用标准分为 3 部分，另外再加通用标准和信息技术安全评价的常用方法（CEM Common Methodology for Information Technology Security Evaluation）中的一部分，前者主要提供一个针对所有产品的安全性的一个框架，后者则重点为评估过程提供指导方针。可以这样说，想要非常具体地了解通用标准的各个技术和流程细节，就需要阅读如下 4 卷文档：

- 第一部分：引言和一般模型；
- 第二部分：安全功能需求；
- 第三部分：安全保证要求；
- 评估方法。

上述资料和一些支持文档都可以在网址 https://www.commoncritcriaportal.org/cc/上找到。

4.1 安全等级

通用标准是国际化标准 ISO/IEC 15408 定义的与计算机安全相关的规范，用于评估和验证一个特定产品所满足的一组安全定义的需求和功能。两者的保证是共同的安全基础标准，其重点还是评价产品或系统的安全。目前，通用标准有 7 个评价安全等级（Evaluation Assurance Level，EAL），从某种意义上来说，安全级别越高，则越可能满足安全功能的相关需求，但这也不是完全绝对的，需要根据具体的应用场合具体分析。对通用标准所定义的安全等级解释如下：

① EAL 1:功能测试(functionally tested),适用于对产品操作上的安全需求,认证等级规则为不会有严重安全威胁。当提交评估这个层次的安全等级时,应提供证据表明所评价的目标功能是完全符合它的安全使用文档的,并且提供有效的威胁防护标识等。

② EAL 2:结构测试(structurally tested),适用于开发人员或用户,需要低到中适度的环境进行独立安全保证,并且不容易获得完整的开发记录。例如,当开发人员访问受限或需要保护遗留系统时,可能会出现这种情况。

③ EAL 3:系统的测试和检查(methodically tested and checked),适用于开发人员或用户,需要中适度的环境进行独立保证安全,而且需要一个彻底的调查评价,但是不能有实质性的再造工程。

④ EAL 4:系统设计、测试和评审(methodically designed,tested and reviewed),适用于开发人员或用户,需要中到高适度的环境进行独立安全保证,主要应用在传统商品和准备承担额外安全工程成本的产品。

⑤ EAL 5:半正式设计和测试(semi-formally designed and tested),适用于开发人员或用户,要求高且独立的环境进行保证安全,有计划开发并需要一个严格的开发方法,但是不承担不合理的费用。

⑥ EAL 6:半正式验证的设计和测试(semi-formally verified design and tested),适用于在受保护资产的价值,并且证明该评估的安全目标在高风险情况下它的成本是合理的。

⑦ EAL 7:正式验证设计和测试(formally verified design and tested),适用于开发评估的安全目标,供其在风险极高的情况下使用,或者在资产价值高、成本高的情况下使用。

4.2 安全概念

所有通过通用标准测试和验证的产品,都会在通用标准的官方网站 https://www.commoncriteriaportal.org/products/上发布和公示。截至编写本书的此刻,已有 2 500 多项测试认证产品在网上进行了公示,公示的内容包括产品名称、厂家、测试和认证的机构和实验室、证书的合规项或安全等级、证书发布生效日和有效期限等。在所有公示的产品中,有近一半的测试产品与智能卡有关。下面为目前通用标准所测试和验证的主要产品的品类和所对应的保护配置文件。

- 门禁系统和设备(Access Control Device and System):共公示 4 项保护配置文件;
- 生物识别系统和设备(Biometric System and Device):共公示 2 项保护配置文件;
- 边界安全保护装置和系统(Boundary Protection Device and System):共公示 11 项保护配置文件和 2 项协同保护配置文件(Collaborative Protection Profile,CPP);
- 数据保护产品(Data Protection):共公示 10 项保护配置文件和 5 项协同保护配置文件;
- 数据库(Database):共公示 3 项保护配置文件;
- 检测设备和系统(Detection Device and System):暂无公示保护配置文件;
- 与智能卡设备相关:共公示 75 项保护配置文件;
- 密钥管理系统(Key Management System):共公示 4 项保护配置文件;
- 与移动设备相关:共公示 4 项保护配置文件;
- 多功能设备(Multi-Function Device):共公示 2 项保护配置文件;
- 网络相关的设备和系统(Network and Network-Related Device and System):共公示 12 项保护配置文件和 5 项协同保护配置文件;
- 操作系统(Operating System):共公示 2 项保护配置文件;
- 其他设备和系统(Other Device and System):共公示 51 项保护配置文件;
- 数字签名产品(Product for Digital Signature):共公示 19 项保护配置文件;
- 可信计算(Trusted Computing)产品:共公示 7 项保护配置文件。

上述介绍的产品中,其中有 3 项分别是边界安全保护装置和系统、数据保护产品以及网络相关的设备和系统,它们也支持一些协同保护配置文件。协同保护配置文件有 3 种状态,如下:

第一种,具有支持文档的协同保护配置文件已经完成通用标准的发展委员会(Common Criteria Development Board, CCDB)对其通用标准和信息技术安全评价的常用方法的认可,这种协同保护配置文件是完全得到通用标准承认协定(Common Criteria Recognition Arrangement,CCRA)承认的。

第二种,通用标准的发展委员会正在审查具有支持文档的协同保护配置文件。

顾名思义，就是提供相关文档等待通用标准的发展委员会进行相关评审和投票。提供的文档不完全一样，主旨是分享相关的科技创新，一旦这些文件被发展委员会批准，那么它们将被移到第一种情况，成为强制性的标准。

第三种，没有认证报告的协同保护配置文件，表明还没有确定是否符合通用标准和信息技术安全评价的常用方法，因此该协同保护配置文件是在通用标准承认协定所承认之外的。一些方案可以在首次使用协同保护配置文件时，结合产品评估对协同保护配置文件进行认证，在这种情况下，安全目标需要声明符合这些协同保护配置文件产品的评估，必须包括与安全对象评价类（Security Target Evaluation）相关的工作单元。通用标准具体定义的六大评价类将在后续章节中详细介绍。

通用标准在评估执行计算机安全产品和系统时，除去上面介绍过的 7 个评价安全等级外，还有一些比较重要的概念，如保护配置文件、评估目标、安全目标、安全功能要求和安全保障需求等，下面将逐一讲解这些概念。

（1）保护配置文件

保护配置文件是一个文档，通常由用户或用户社区创建，主要针对确定安全需求的设备，例如用于提供数字签名的智能卡，或者网络防火墙等。产品供应商可以选择使产品符合一个或多个保护配置文件的要求，评估比对保护配置文件和他们的具体的产品。在这种情况下，保护配置文件可以给安全目标提供一个模板，或者发起者至少确保相关保护配置文件中的所有需求都出现在安全目标的文档中。客户可以通过寻找特定类型的产品并关注那些认证的保护配置文件，来满足相应产品的需求。

（2）评估目标

针对产品或系统级的评估，评估服务的目的主要用于验证目标的主张和实际应用，而且评价必须是验证目标的安全特性。

（3）安全目标

它的一致性要求可以是一个或多个保护配置文件。评估目标是根据其安全目标中的安全功能要求来计算的，不能多也不能少。这允许供应商定制评估标准，准确地匹配他们产品的功能，也就是说，像网络防火墙不必满足与数据库管理系统中相同的功能需求一样；另外，不同的防火墙实际上可能是对完全不同的列表进行需求评估的。安全目标通常会公布出来，以便潜在客户可以通过评估认证的特定安全特性进行比对。

(4) 安全功能要求

通用标准提供了一个标准的安全功能目录，适用于个人安全领域，为个人指定可以提供的安全产品。例如，安全功能要求可能会声明如何验证扮演特定角色的用户。另外，即使两个目标是同一种产品，安全功能要求的列表也可以从一个评估到下一个评估。尽管通用标准没有规定任何安全功能要求被包括在一个安全目标中，但是它们之间还是可以有很多的依赖关系的。

(5) 安全保障需求

针对评估的产品，描述其在开发过程中所采取的措施和保障，以确保其符合安全功能的要求。例如，评估可能要求所有的源代码保存在一个可变更管理系统中，或者完整地执行了功能测试操作。通用标准提供了一个安全保障需求目录，但要求可能会有所不同。对于特定的目标或类型的产品的要求，会记录在相应的安全目标和保护配置文件中。

(6) 评估技术报告

评估者所写的文档总结和结果评估，特别是脆弱性分析和渗透测试。

上面介绍了通用标准的重要特性，表 4.1 所列为这些重要特性的系统采集模式及共性的观察。

表 4.1 通用标准重要特性的系统采集模式及共性的观察

名 词	系统采集模式	共性的观察
保护配置文件	提案申请	提供客户的愿望、需求和要求："需要什么？"
安全目标	建议书	表示供应商将如何满足上述要求："将会提供什么？"
评估目标	交付系统	以上供应商的物理表现是什么
评估系统	接受系统	结果表明，上述 3 种表示形式是完全一致的

通用标准和信息技术安全评价的常用方法是国际协议的技术基础，即通用标准承认协定主要为了保证：

— 产品可以通过具备能力和资质的独立授权实验室进行评估，以确定在一定程度上保证特定安全属性的实现；

— 支持文档(Supporting Document，SD)为在一般标准核证程序内使用的证明文件，以界定在核证特定技术时，如何应用这些标准及评估方法；

— 经评审的产品的安全性能认证可由多个认证授权方颁发，但是它们的认证是以其评审结果为依据的；

— 所有的证书都得到通用标准承认协定所有签署国的认可。

4.3 认证机构

通用标准承认协定的签署国会员中，分为授权型和使用型两种模式，前者具备授权资质的实验室，并且可以进行证书授权；后者被官方认可，可以授权证书，并且遵循相关规范。表 4.2 所列为通用标准承认协定的签署国会员。

表 4.2　通用标准承认协定的签署国会员

签署国会员	类　型	官方网站
澳大利亚	授权型	http://www.asd.gov.au/infosec/aisep
加拿大		https://www.cyber.gc.ca
法国		http://www.ssi.gouv.fr/
德国		http://www.bsi.bund.de/
印度		http://www.commoncriteria-india.gov.in/
意大利		http://www.ocsi.isticom.it/
日本		http://www.ipa.go.jp/security/jisec/jisec_e/
马来西亚		http://www.cybersecurity.my/mycc
荷兰		http://www.tuv-nederland.nl/nl/17/common_criteria.html
新西兰		http://www.dsd.gov.au/infosec
挪威		http://www.sertit.no/
韩国		http://itscc.kr
西班牙		https://oc.ccn.cni.es
瑞典		http://fmv.se/en/Our-activities/CSEC-The-Swedish-Certification-Body-for-IT-Security/
土耳其		http://bilisim.tse.org.tr/tr/icerikkategori/942/950/isoiec-15408-cc-ortak-kriterler.aspx
英国		http://www.ncsc.gov.uk/
美国		http://www.niap-ccevs.org/

续表 4.2

签署国会员	类　型	官方网站
奥地利	使用型	http://www.digitales.oesterreich.gv.at/
捷克		http://www.nbu.cz/en/
丹麦		https://www.cfcs.dk
埃塞俄比亚		http://www.insa.gov.et
芬兰		http://www.ficora.fi/en/
希腊		http://www.nis.gr/
匈牙利		http://www.kormany.hu/en/ministry-of-national-development
以色列		http://www.sii.org.il/20-en/SII_EN.aspx
巴基斯坦		http://www.commoncriteria.org.pk/
卡塔尔		http://www.motc.gov.qa
新加坡		https://www.csa.gov.sg/

上面介绍的授权型签署国会员中，除通用标准官方网址未公布新西兰的授权的实验室外，其他的授权型签署国会员均有一家或多家具备授权资质的实验室，可以理解为只要是具备同等规范和法律指定的范围，这些授权资质的实验室所认证的产品和服务就都是可以相互通行和认可的。下面就分别列出到目前为止各个授权型签署国会员中具备授权资质的实验室的官方网站。

(1) 澳大利亚

— www.baesystems.com/ai;

— www.csc.com/cybersecurity。

(2) 加拿大

— http://www.cgi.com/en/information-security/it-security-product-evaluation-and-testing;

— http://www.cygnacom.com/;

— http://www.dxc.technology/security;

— http://www.ewa-canada.com/studies/it_security.php;

— https://lightshipsec.com/。

(3) 法　国

— http://www.amossys.fr/;

— http://www.leti.fr/en;

— http://www.oppida.fr/;

— http://www.serma-safety-security.com/;

— http://www.thalesgroup.com/;

— http://www.trusted-labs.com/。

(4) 德　国

— http://www.atsec.com/;

— http://www.datenschutz-cert.de/;

— http://www.dfki.de/;

— http://www.mtg.de/;

— http://www.secuvera.de/;

— http://www.src-gmbh.de/;

— http://security.t-systems.de/loesungen/enterprise-security-testing;

— http://www.tuvit.de/。

(5) 印　度

— http://www.commoncriteria-india.gov.in/。

(6) 意大利

— http://www.atsec.com/;

— https://www.cclab.hu;

— http://www.imq.it/;

— http://www.selta.com/;

— http://www.leonardocompany.com/-/security-laboratorio-evaluation-valutazione-facility-sicurezza;

— http://www.technisblu.it/。

(7) 日　本

— http://www.ecsec.jp/english/index.html;

— http://www.itsc.or.jp/en/;

— http://www.mizuho-ir.co.jp/english/;

— https://www.tuvit.de/en/index.htm。

(8) 马来西亚

— www. baesystems. com/ai;

— http://cybersecurity. my/en/services/security _ assurance/about/main/detail/230/index. html? mytabsmenu=1;

— http://www. securelytics. my/common—criteria/。

(9) 荷　兰

— http://www. brightsight. com/;

— https://www. riscure. com/。

(10) 挪　威

— http://adseclab. com;

— https://www. brightsight. com/;

— http://www. norconsult. no/;

— https://systemsikkerhet. wordpress. com/。

(11) 韩　国

— http://www. kisa. or. kr/;

— http://www. koist. kr;

— http://www. ksel. co. kr/;

— http://www. kosyas. com/;

— http://www. ktc. re. kr/;

— http://www. tta. or. kr/。

(12) 西班牙

— http://www. appluslaboratories. com/;

— http://www. inta. es/;

— http://www. epoche. es/。

(13) 瑞　典

— http://www. atsec. com/;

— http://www. itsef. se/。

(14) 土耳其

— https://www. beamteknoloji. com/;

— http://www. brightsight. com/;

— http://www.certbylab.com/;

— http://www.cygnacom.com/labs/;

— http://www.epoche.es/;

— http://oktem.bilgem.tubitak.gov.tr/index.html。

(15) 英 国

— http://www.cgi-group.co.uk/;

— http://www.ul-ts.com。

(16) 美 国

— http://www.acumensecurity.net/;

— http://www.atsec.com;

— https://www.boozallen.com/;

— http://ttp//www.cgi.com/en/information-security;

— http://www.cygnacom.com/labs/;

— http://www.dxc.technology/;

— http://www.gossamersec.com/index.php/security-testing/;

— http://www.saic.com/infosec/testing-accreditation/common-criteria.html;

— https://www.ul-ts.com/。

4.4 安全类

通用标准中定义了九大类,并且每一个小类又分为不同的子类,例如 APE 类主要针对保护文件评估,ACE 类主要针对保护文件配置管理评估,ASE 类主要针对安全目标评估(security target evaluation),ADV 类主要针对开发(development),AGD 类主要针对指导性文件(guidance document),ALC 类主要针对生命周期支持(life - cycle support),ATE 主要针对测试(test)方面,AVA 主要针对脆弱性评估(vulnerability assessment),ACO 类主要针对与组合(composition)相关的内容。

1. APE 保护文件评估类

(1) APE_INT 保护文件的介绍(PP introduction)

这个子类的目的是确定保护文件是否被正确识别,以及保护文件引用和评估目标概述是否一致。

(2) APE_CCL 保护文件的一致性声明(conformance claim)

此子类的目标是确定各种一致性声明的有效性，这些描述了保护文件是如何符合通用标准和其他的保护文件的。

(3) APE_SPD 保护文件的安全问题定义(security problem definition)

此子类的目标是确定由评估目标解决的安全问题，及其明确定义的操作环境。

(4) APE_OBJ 保护文件的安全目标(security objective)

此子类的目标是确定是否明确定义了操作环境的安全目标。

(5) APE_ECD 保护文件的扩展组件定义(extended component definition)

此子类的目标是确定扩展组件是否已明确定义，以及它们是否有必要，即它们可能无法使用现有通用标准的第二或第三部分清楚地去表达。

(6) APE_REQ 保护文件的安全需求(security requirement)

此子类的目的是确定安全功能需求和安全保障需求是否清晰、定义是否明确，以及它们是否内部一致。

2. ACE 保护文件配置管理评估类

(1) ACE_INT 保护文件模块的介绍(PP-module introduction)

此子类的目的是确定保护文件模块是否被正确识别，基本的保护文件和评估目标概述是否一致。

(2) ACE_CCL 保护文件模块的一致性声明(PP-module conformance claim)

此子类的目标是确定各种一致性声明的有效性，这些描述了保护文件模块是如何符合通用标准的第二部分和安全功能需求的要求包的。

(3) ACE_SPD 保护文件模块的安全问题定义(PP-module security problem definition)

保留。

(4) ACE_OBJ 保护文件模块的安全目标(PP-module security objective)

保留。

(5) ACE_ECD 保护文件模块的扩展组件定义(PP-module extended components definition)

保留。

(6) ACE_REQ 保护文件模块的安全需求(PP-module security requirement)

保留。

(7) ACE_MCO 保护文件模块的相容性(PP-module consistency)

此子类的目的是确定保护文件模块中,关于其基本保护文件的一致性。

(8) ACE_CCO 保护文件配置的相容性(PP-configuration consistency)

① 此子类的目标是确定保护文件配置及其组件是否被正确识别。

② 此子类的目的是确定关于整套保护配置文件和保护文件模块的一致性。

③ 为进行本活动所需的一致性分析,在通用标准和信息技术安全评价的常用方法中,说明了适用于在评估期间对基本保护文件的决策过程,以及哪些部分需要进行重新评估等。

3. ASE 安全目标评估类

(1) ASE_INT 安全目标的导入

此子类的目的是确定安全目标和评估目标是否被正确识别,评估目标是否在3个抽象层次(评估目标参考、评估目标概述和评估目标描述)的叙述方式中被正确描述,以及这3种描述是否一致。

(2) ASE_CCL 安全目标的一致性声明(conformance claim)

此子类的目标是确定各种一致性声明的有效性,这些描述了安全目标和评估目标是如何符合通用标准的,以及安全目标是如何符合保护文件的。

(3) ASE_SPD 安全目标的安全问题定义(security problem definition)

此子类的目标是确定由评估目标解决的安全问题,以及确定其操作环境已明确定义。

(4) ASE_OBJ 安全目标的安全对象(security objective)

此子类的目标是确定是否明确定义了操作环境的安全目标。

(5) ASE_ECD 安全目标的扩展组件定义(extended component definition)

此子类的目标是确定扩展组件是否已明确定义,以及它们是否有必要,即它们可能无法使用现有通用标准的第二和第三部分描述的部分。

(6) ASE_REQ 安全目标的安全需求(security requirement)

此子类的目的是确定安全功能需求和安全保障需求是否清晰、明确以及它们的定义是否明确,内部是否一致。

(7) ASE_TSS 评估目标的摘要规范(TOE summary specification)

此子类的目标是确定评估目标摘要规范是否处理所有的安全功能需求,以及该评估目标摘要规范与其他对该评估目标的描述是否一致。

4. ADV 开发类

(1) ADV_ARC 安全架构(security architecture)

此子类的目的是让开发人员提供对评估目标的安全功能的(TSF TOE Security Function)体系结构的描述,这将使认证机构能够分析这些资料,以及评估目标的其他证据,最终将确认评估目标的安全功能是否达到了预期的性能。

(2) ADV_FSP 功能规格(functional specification)

此子类对描述评估目标的安全功能接口(TOE Security Function Interface,TSFI)的功能规范提出了要求。评估目标的安全功能接口由外部实体向评估目标提供数据,从评估目标的安全功能接收数据,并从评估目标的安全功能调用服务。它没有描述评估目标的安全功能是如何处理这些服务请求的,也没有描述评估目标的安全功能从其操作环境调用服务时的通信,这些信息分别由评估目标的设计(ADV_TDS)和分量的相依性(ACO_REL)族来处理。

(3) ADV_IMP 实现表示(implementation representation)

① 此子类表示实现系列的功能是让开发人员可以以一个评估人的身份,来分析提供评估目标的实现(或者更高级别)。实现表示法用于其他成员的分析活动,例如分析评估目标的设计,以证明评估目标是否符合其设计;并且可以评估其他领域,例如漏洞搜索。

② 此子类表示实现系列能够捕获评估目标的安全功能的详细内部工作流程。这可能是软件源代码、固件源代码、硬件图、IC 硬件设计语言代码或者芯片电路板图。

(4) ADV_INT 评估目标的安全功能的内部构件(TSF internal)

① 此子类负责评估评估目标的安全功能的内部结构。其实,内部结构良好的评估目标的安全功能更容易实现,而且不太容易引起漏洞缺陷。

② 在不引入缺陷的情况下,评估目标的安全功能更容易维护。

(5) ADV_SPM 安全策略模型(security policy modelling)

① 此子类的目标是通过开发评估目标的安全功能的正式安全策略模型,来提供额外的保证,并在功能规范和该安全策略模型之间建立对应关系。

② 在保持内部一致性的前提下，通过数学证明和安全策略模型，根据自身的特点，正式确立安全原则。

(6) ADV_TDS 评估目标的设计(TOE design)

① 此子类的评估目标设计描述既提供了描述评估目标的安全功能的上下文，也提供了对评估目标的安全功能的全面描述。随着保证需求的增加，描述中提供的详细级别也会增加。

② 随着评估目标的安全功能的大小和复杂性的增加，多个层次的分解是必要的，设计要求旨在提供信息，与指定的安全保证水平相称，以便确定是否实现了安全功能要求。

5. AGD 指导性文件类

(1) AGD_OPE 用户操作指南(operational user guidance)

① 此子类的操作用户指南是指书面材料，即为评估目标在其评估时的用户配置文件:终端用户或者个人负责维护和管理最大安全评估目标，并以正确的方式使用评估目标的外部接口。

② 用户操作指南描述了评估目标的安全功能的指导和指南(包括警告，有助于了解评估目标的安全功能和重要的安全信息)，并且强调了安全操作要求和安全使用。误导和不合理的指导及安全程序的操作模式应该解决，不安全的状态应该易被发现。

③ 为操作用户使用时增加安全信心，包括无恶意的用户、管理员、应用程序提供商、其他外部接口，以及评估目标的安全操作方式和使用方法。

④ 用户的评价指导包括调查评估目标的使用方式是否安全，目标是减少人为或其他错误的风险操作。其中，可能会因为禁用或者未能激活安全功能而导致一个未被发现的不安全状态等。

(2) AGD_PRE 制备过程(preparative procedure)

此子类的制备过程是非常有用的，它将根据开发人员的意图来确保评估目标已经收到并以一种安全的方式进行安装。可以要求评估目标安全过渡到最初的操作环境，这包括调查是否可以以不安全的方式配置或安装评估目标，但评估目标的用户会认为这是安全的。

6. ALC 生命周期支持类

(1) ALC_CMC 配置管理的能力(CM capability)

① 配置管理(Configuration Management, CM)是增加配置管理以保证满足安全功能的需求,配置管理建立的这种纪律要求、控制流程的优化以及修改评估目标的相关信息,已经落实到评估目标的完整性控制过程中,并且可以通过提供一个追踪变化的方法,用于确保所有更改已经获得授权。

② 此子类的目标是要求开发人员的配置管理系统具有一定的能力,用于减少意外或未经授权就修改配置项的情况,配置管理系统应该确保评估目标所有过程记录的完整性,包括早期设计阶段的完整性以及后续所有的维护工作等。

③ 引入自动化配置管理工具的目的是为了增加配置管理系统的有效性。自动和手动配置管理系统可以绕过、忽视或证明不足的情况,以防止未经授权的修改。实际上自动化系统更容易受到人为因素所带来的错误或者疏忽的影响。

④ 此子类的目标有:

- 确保评估目标正确和完整地发送给消费者;
- 在评估阶段确保不漏掉任何配置项;
- 防止未经授权的修改、添加或者删除评估目标的配置项。

(2) ALC_CMS 配置管理的范围(CM scope)

此子类的目的是识别项目作为配置项,因此被置于配置管理功能(ALC_CMC)的需求之下。将配置管理应用于这些附加项,可以提供额外的保证,以维护评估的完整性。

(3) ALC_DEL 交付(delivery)

① 此子类关心的是从开发环境安全转移到用户责任的评估目标成品。

② 要求交付的系统控制、分配设施、程序细节和必要的措施都是来提供安全保证的,确保交付过程中评估目标能给用户有效的程序分配,用于解决目标识别的问题,程序分配包括保护文件和其他的与安全目标有关的交付。

(4) ALC_DVS 发展安全(development security)

开发安全涉及物理、程序人员和其他的安全措施等,可用于开发环境保护评估目标及其组件。开发安全包括物理安全的发展位置和开发人员。

(5) ALC_FLR 缺陷修复(flaw remediation)

缺陷修复为要求发现的安全漏洞能被开发人员跟踪和纠正。虽然更新的补丁程序不能确定马上能进行目标评估，但是可以通过评估的政策和程序开发人员来跟踪和纠正问题缺陷的流程，最终将缺陷信息进行修正。

(6) ALC_LCD 生命周期定义(life-cycle definition)

① 开发和维护控制不好的评估目标会导致其不符合所有的安全功能需求。因此，重要的是开发一个模型，以及维护一个评估目标尽早建立在安全的生命管理周期中。

② 使用模型的开发和维护一个评估目标不能保证满足所有的安全功能需求，因为选择的模型有可能不足或不够，但是可以使用生命周期模型增加一组专家改善的通道。例如，学术专家和标准组织等开发和维护模型将有助于满足安全功能需求，在生命周期模型中包括一些量化估值，将有助于增强和保证开发过程的总体品质。

(7) ALC_TAT 工具和技术(tool and technique)

对于选择工具和技术方面，它主要用于开发、分析和实现评估目标，但是也需要避免它们的不明确行为，例如包括对不一致或不正确使用开发的工具进行开发，还有不正确地使用编程语言、文档、实现标准和运行时的库文件等。

7. ATE 测试类

(1) ATE_COV 覆盖(coverage)

此子类建立了评估目标的安全功能对它的功能测试规范，这也是开发人员通过认证考试的证据。

(2) ATE_DPT 深度(depth)

① 此子类中的组件处理、详细级别的评估等安全功能，是由开发人员进行测试的。评估目标安全功能的测试是基于增加深度信息的，而深度信息又来自额外的设计描述，例如评估目标的设计、实现和安全体系结构的描述等。

② 目的是应对评估目标发生错误风险时的发展趋势，测试练习特定内部接口不仅可以提供安全保证，而且还可以为评估目标的安全功能提供所需的外部安全行为，这种安全行为为正确的内部功能操作。

(3) ATE_FUN 功能测试(functional test)

① 功能测试由开发人员提供测试执行的测试文档和正确记录，这些测试的通信设计描述是通过覆盖(ATE_COV)和深度(ATE_DPT)族提供的。

② 此子类有助于提供未被发现且缺陷发生可能性较小的一种测试。

③ 子类(ATE_COV)覆盖、(ATE_DPT) 深度、功能测试(ATE_FUN)的结合，

用于定义由开发人员提供的测试证据，以及独立的功能测试评估者所指定的独立测试(ATE_IND)证据。

(4) ATE_IND 独立测试(independent testing)

建立此子类的目标是为了保证达到 ATE_FUN、ATE_COV、ATE_DPT 三类所定义的通过条件之上，并且通过开发人员的验证测试和评估者指定的额外执行的验证测试。

8. AVA 脆弱性评估类

AVA_VAN 漏洞分析(vulnerability analysis)

① 此子类的漏洞分析是指评估潜在的漏洞，针对发展和预期的操作进行评估，如缺陷假设，或者定量统计分析的底层安全机制的安全行为等。漏洞分析可以设定在攻击者违反安全功能需求的时候。

② 在进行漏洞分析处理时发现威胁攻击者的缺陷，并且允许未经授权的访问数据和功能，允许干扰或改变评估目标的安全功能，或干扰其他用户的授权功能。

9. ACO 组合相关类

(1) ACO_COR 漏洞分析(vulnerability analysis)

此子类用于证明要求的基本组件可以提供一个适当水平的保障，在组合相关类中使用。

(2) ACO_DEV 开发的证据(development evidence)

此子类提出了规范要求在基础的部分上增加的详细级别，需要通过这些信息来提高安全方面的信心，包含安全功能所提供支持需求的相关组件，如依赖信息中的标识等。

(3) ACO_REL 分量的相依性(reliance of dependent component)

① 此子类的目的是提供证据和描述依赖，以及包括依赖组件的基础组件。这些信息是由负责集成的组件和其他组件一起形成的评估信息，该评估信息还提供了组成的安全属性的建议结果。

③ 此子类还提供了一个接口的描述依赖和基础组件。需要注意的是，由于评估目标之间可能没有被评估和分析的单个组件，所有某些单个组件的接口可能没有评估目标安全功能的接口。

(4) ACO_CTT 评估目标的组合测试(composed TOE testing)

此子类由评估目标的测试要求及测试的基本组件构成，用于评估目标组合测试的执行。

(5) ACO_VUL 组合性的漏洞分析(composition vulnerability analysis)

此子类需要分析漏洞信息,例如在公共领域可能引入的漏洞成分。

4.5　评估管理

对于4.4节中的九大类及其各子类,在做EAL评估安全等级时,可以根据通用标准的《第三部分:安全保证要求》中的规范细节来进行执行和评价。通用标准中包含六十几个安全功能需求,这种分组允许以标准的方式评估特定的需求类,以便达到评估保证级别;包是需求组件的中间组合,是不用于表达满足安全目标子集的一组功能或保证需求的;保护配置文件是一组与实现无关的安全性需求集,是用于满足特定使用者需求的一类评估目标。

举一个评估目标的例子,如信息技术产品、系统以及它的文档管理,这是通用标准评估的主题之一。其保护配置文件的实现允许使用独立的方式,使用表示安全性需求的模板。该模板是可重用的,其在实现一系列相关产品时提供了许多益处。安全目标包含一组可以显式声明的安全需求,它还包含详细的特定于产品的信息,可以将其看作是对保护配置文件的改进,同时形成了一致同意的评估基础。需求分组、包和保护配置文件的层次结构如图4.1所示。注意,安全目标的开发先于安全需求的识别。

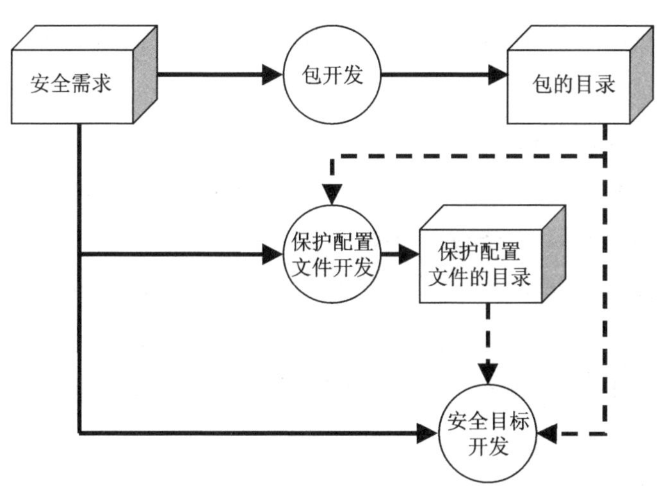

图4.1　需求分组、包和保护配置文件的层次结构

不同于上面层次结构的安全方法，如图 4.2 所示的规范框架的安全方法，它具有系统循环的框架设计，在实际安全产品设计中也是会把规范框架分别连接到评估目标、产品和系统中去的。

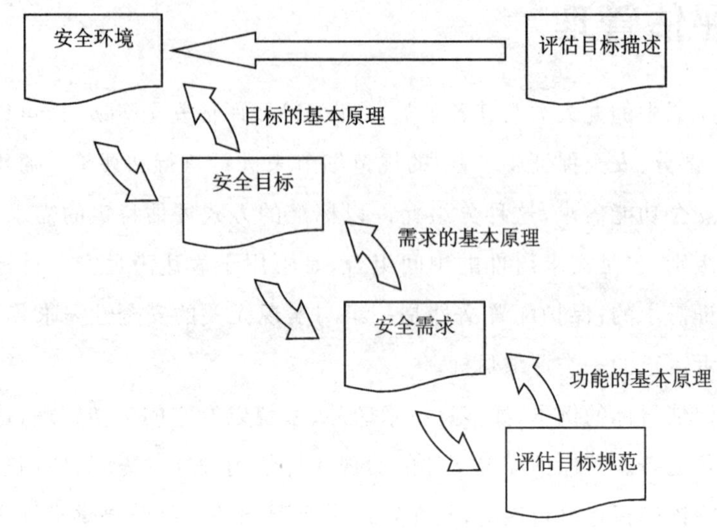

图 4.2 评估目标、产品和系统循环的规范框架

当提交产品进行评估时，供应商首先需要完成一个安全目标的描述，其中包括产品的概述和安全特性、评估潜在的安全威胁、供应商的自我评估并详细说明产品符合的相关评估保证及其选择的相应的测试水平，然后实验室开始测试和验证产品的安全特性，以及评估如何满足保护配置文件中所定义的规范。通用标准认证的目的是向客户保证，他们所购买产品的评估或者供应商的陈述，已经被一个与供应商无关的第三方认证机构验证了。

通常认为达到较高 EAL 评估保证等级的系统会有更可靠的安全特性，一般也是安全专家所需要的第三方分析和测试的合理证据，但还未看到官方公开的证据支持这一假设。所以，从技术上讲，一个较高的 EAL 评估保证等级代表的是一个相对高的安全等级。2006 年，美国政府问责局（Government Accountability Office，GAO）发表了一份关于通用标准评估的报告，如图 4.3 所示，该报告描述了 EAL2 至 EAL4 级评估报告的一系列成本和时间表。

通用标准中还有一个部分就是它的例行会议制度。国际通用标准会议（International Common Criteria Conference，ICCC）为一年一度的会议，该会议主题为规范中涉及的所有人、技术、评估、验证或认证的安全相关事宜。这一重要事件汇集了认

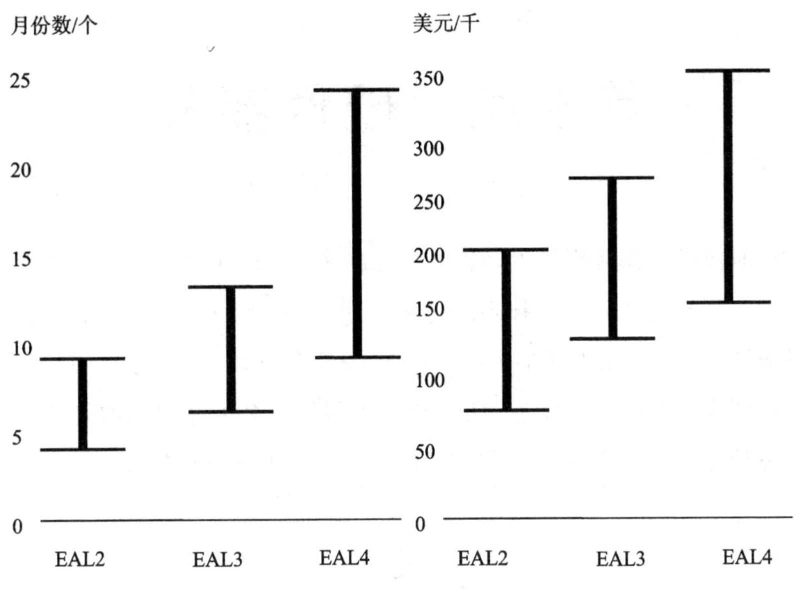

图 4.3　EAL2 至 EAL4 级评估报告的成本和时间表

证机构、评估实验室、专家、决策者和产品开发人员，会议话题则主要在规范、评估和认证的安全性上。最近的第十七届国际通用标准会议已于 2018 年在荷兰阿姆斯特丹举行，感兴趣的读者可以参见网址 https://www.commoncriteriaportal.org/iccc/ 上的相关内容，具体会议细节不再赘述。

第 5 章　硬件部分

在任何时候或者任何环境下，安全都是指一个具有针对性的系统工程，而不是单指拥有某一个安全产品或者技术的选项。所以，对于一个电子产品而言，从底层系统的供应链资源安全开始到晶圆和芯片的安全设计，再到引导程序和操作系统，再到上层应用程序的设计和管理，最后到该成品的整个生命周期的管理，安全管理的理念和设计需要贯穿始末。图 5.1 所示为一个电子产品的安全管理的理念和设计。

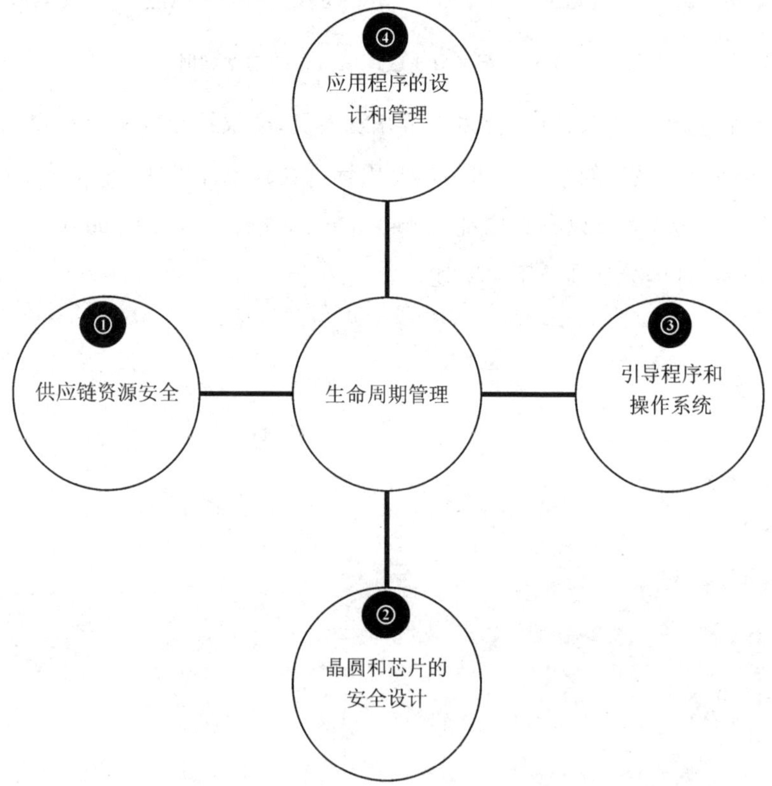

图 5.1　电子产品的安全管理的理念和设计

在图 5.1 中，中间环节——生命周期管理适用于外围的全部安全框架设计理念，也就是说，不管在进行哪一种安全框架设计，都需要考虑其生命周期，从激活生效、正常过程管理、异常事件管理到最后生命周期终止等。而外圈的为一个典型的硬件产品的设计流程：供应链资源安全→晶圆和芯片的安全设计→引导程序和操作系统→应用程序的设计和管理。

5.1　生命周期管理

以电子产品为例，它从产品定义、设计、成型、生产、运输、激活、运行到产品的生命周期终结，其中每一个环节都需要考虑安全，只有每一个步骤都有安全和权限的策略管理，才有可能做到端到端的安全控制和管理。对于硬件芯片的安全，可以分为：

① 在安全环境下进行分散和生成密钥及证书；

② 在芯片晶圆级时开始注入分散过后的密钥和证书；

③ 在集成电路上加入硬件防篡改设计，以防止进行恶意的硬件破解；

④ 在实际运行中，通过双向鉴权机制对产品进行入网注册等管理；

⑤ 在实际运行中，支持安全密钥管理和数据转发安全性验证和校验；

⑥ 在实际运行中，支持敏感数据的提取和凭证的重用；

⑦ 在产品生命周期终结时，集成电路将解除加密设备中的所有凭据；

⑧ 在产品生命周期终结时，集成电路中所有的敏感数据和用户数据全部被擦除；

⑨ 在产品生命周期终结时，集成电路中所有的配置信息都恢复到出厂默认模式且不可重用的状态。

5.2　供应链资源安全

供应链包括原材料厂商、生产商、物流商、批发商、运输商和其他一些厂家或者个人实体等，供应链的过程涉及原材料、数据、包装、存储、运输、转移等的安全，例如金融、保险、制造、信息等的一系列安全管理和风险控制问题。

所以，供应链资源安全对于硬件电子产品而言，包括：晶圆材料的安全，例如老化测试是否达标；芯片设计的安全，例如是否有设计上的逻辑漏洞和人为设计的后门等;电路板设计安全问题,例如是否符合防电磁干扰设计,是否预留有调试接口,安全区域是否有物理点胶屏蔽设计等;电子产品整机安全问题,例如是否对单板上所有的器件有过安全监察等,电子系统或者组合的系统是否存在安全隐患等。这些安全都是在供应链资源这一环就息息相关的。

2018 年 10 月 4 日,约旦・罗伯逊(Jordan Robertson)和迈克尔・莱利(Michael Riley)在《彭博商业周刊》网上发布了文章《大黑客:中国如何利用微型芯片渗透美国公司》(*The Big Hack:How China used a tiny chip to infiltrate America's top companies*),并且该文章还出现在 10 月 8 号出版的《彭博商业周刊》的封面报道中。文章指出,2015 年包括苹果和亚马逊在内的 30 几家公司,其品牌的网络服务器中都发现了"恶意芯片",并指出 Elemental Technologies 公司使用的服务器为美国超微公司组装的,而这个消息致使当天超微开盘的股价下跌了 50%。

上述文章报道后,苹果公司于 10 月 4 日立刻在其网站上发布了官方声明,指出根据记录显示,苹果公司反复且持续地提供了事实回应,并且一一驳斥了《彭博商业周刊》文章中的报告;亚马逊公司则回复,其 AWS(Amazon Web Service)与美联邦调查局(Federal Bureau of Investigation,FBI)在关于恶意硬件的合作调查中,以及在 2015 年并购总部位于俄勒冈州波特兰市的 Elemental Technologies 公司时,在第三方安全审计公司进行的调查中,都没有发现任何关于恶意芯片或者硬件被修改的证据;美国超微公司则回应,第一没有任何政府机构就此方面的问题联系过自己,第二自己并不设计或者制造网络芯片或者里面的固件,自己组装和生产的服务器存储设备中的芯片和固件都是从外部采购的。

此文章报道的案例所描述的"恶意芯片"是嵌入在一颗信号耦合器中的,目测很不起眼,主要为灰色或灰白色,物理尺寸在 2 mm×1.25 mm×0.7 mm 左右,大小与一颗 1206 封装的贴片电阻电容差不多,对于其具体的工作过程并没有做过多的说明。由于文章本身缺乏细节描述和技术性分析,所以可信度极低,但是该案例倒是给出一张供应链流程步骤图,以说明"恶意芯片"是如何被植入到电路板中的。下面将参考这个供应链流程步骤图来介绍供应链安全:

一 原材料安全:

- 主要包括所有的主动器件,如芯片本身的设计是否足够安全,是否有人为的"后门"和设计的安全漏洞等;
- 对于被动器件,如阻容、保护器件和耦合器件等,也需要有一套安全机制能够有效地监查到它们；

- 器件是否完全符合规格书中的说明，是否有在特殊环境下发生潜在被攻击、触发或者被操控的风险。

— 生产制造安全：

- 对来料供应商需要进行资质背景调查和安全合格检查，有合规供应商列表进入和推出机制设定，有供应商安全评级机制；
- 有季度和年度安全巡检机制，并且在每次巡检完成后需要有相关报告，并且需要全部记录到安全数据库中去。
- 对于安全器件或者产品而言，需要记录好掌握根密钥或证书相关安全人等的背景报告和年度安全报告。

— 物流安全：

- 这里的物流包括纯粹的从厂家到用户之间的运输，也包括分部件拆解、运输和组装的过程。
- 在安全产品交付完成后，适用于传输过程的传输密钥的生命周期就会彻底终结，并且需要有产品交付后的验证工作。

5.3　晶圆和芯片的安全设计

元素周期表中大约有 12 种元素具有半导体性质，分别为硼(B)、金刚石(C)、硅(Si)、锗(Ge)、灰-锡(Sn)、磷(P)、灰-砷(As)、黑-锑(Sb)、硫(S)、硒(Se)、碲(Te)和碘(I)，但是，其中的大多数元素都是不太稳定的，例如硫、磷、砷、锑、碘都属于易挥发性元素；灰-锡在低温下才稳定；白-锡在室温下则不具有半导体性质；硼的熔点太高，不易制备单晶；硒晶体材料则在光照下会影响其光电导效应，所以当前硒主要应用在电子成像和光电领域中；只有锗、硅以及闪锌矿型晶格结构的砷化镓性能优越，锗的禁带宽度为 0.785 eV，硅的禁带宽度为 1.21 eV，砷化镓(GaAs)的禁带宽度为 1.424 eV，它们是获得广泛应用的典型半导体的材料元素。

业界一般将半导体制造厂称为 Fab 厂或者 Foundry，其中，关于材料的制造工厂会被称为晶圆厂。目前，会对外输出的晶圆厂家主要有格罗方德半导体股份有限公司(Global Foundries)、力晶半导体(Powerchip Semiconductor Corp)、台湾积体电路制造股份有限公司(Taiwan Semiconductor Manufacturing Company，TSMC)等，而一些大规模的半导体设计公司一般都会具备晶圆制造和自给的能力,例如恩智浦半导体有限公司(NXP Semiconductors N. V.)、美国英特尔公司 (Intel corporation)和韩国三星电子有限公司(Samsung Electronics Co. , Ltd.)。能够独立完成光刻、测试和封装的厂在业界被称为封测厂,这种类似职能的工厂有许多,相对比较大或者中型的半导体设计公司一般都会设置自己的封测厂。另外,还有一些半导体公司,它们只聚焦在研发和设计方面,本身并不拥有晶圆厂或者封测厂,一般被称为 Fabless,直译为没有工厂。这类纯粹的芯片设计公司有如中国海思半导体公司(HiSilicon Semiconductor Limited Company)和美国的高通公司(Qualcomm Incorporated)。其实,对于晶圆厂、封测厂和纯芯片设计公司并没有孰优孰劣之说,这是由公司本身的商业模式决定的。现在越来越多的是融合,就是界限没有分得那么清楚。

晶圆硅片的直径从 1 英寸(25.4 mm)到 26.6 英寸(675 mm)不等,平时业界所说的几寸晶圆,指的就是晶圆硅片的直径大小。理论上讲,对于生产同样规格的切块(dice),尺寸相对大的比尺寸小的晶圆硅片,它的经济效益会更好。当下主流的晶圆硅片有 8 英寸(200 mm)和 12 英寸(300 mm)两种,但是目前也有大量的 Fab 厂和芯片设计公司,为了提高产能和降低成本,开始逐渐增加晶圆硅片的直径,这里推荐采用 17.7 英寸(450 mm)的晶圆硅片。目前,英特尔公司、台湾积体电路制造股份有限公司和三星电子有限公司等在分别进行 17.7 英寸原型产品的研究,下面为标准晶圆硅片尺寸的参考。

— 1 英寸(25 mm);

— 2 英寸(51 mm)厚度为 275 μm;

— 3 英寸(76 mm)厚度为 375 μm;

— 4 英寸 (100 mm) 厚度为 525 μm;

— 4.9 英寸(125 mm)厚度为 625 μm;

— 6 英寸(亦或为 5.9 英寸,150 mm)厚度为 675 μm;

— 8 英寸(亦或为 7.9 英寸,200 mm)厚度为 725 μm;

— 12 英寸(亦或为 11.8 英寸,300 mm) 厚度为 775 μm;

— 17.7 英寸(450 mm)建议厚度为 925 μm;

— 26.6 英寸(675 mm)为理论极限值,厚度不详。

另外,在芯片设计和生产过程中还有一个重要的概念就是工艺制程,业界一般会称其为多少纳米(或者微米)的工艺。现在,一般的处理器中都集成了数以亿计的晶体管，这种晶体管由源极、漏极和位于它们之间的栅极组成，电流从源极流入漏极，栅极起控制电流通断的作用。所以，业界所称的多少纳米的制程，实际上就是泛指该处理器中形成的互补氧化物金属半导体场效应晶体管栅极的宽度，一般也被称为栅长。栅长越短，意味着在相同尺寸的晶圆硅片上可以集成越多的晶体管数量，并且驱动晶体管栅极开关的电流也越小。由于现在的芯片越来越趋向于大规模集成化设计，也就意味着每一个晶体管的栅长都变短了，芯片的面积和功耗也变小了，相应的成本也就变低了。

缩短晶体管栅极的长度可以使一个大规模的集成电路在一个相同的物理面积中集成更多的晶体管，可以有效地减少晶体管的面积和功耗，也可以节约晶圆硅片的成本。鉴于此，芯片设计公司和生产厂商将不遗余力地投入减小晶体管栅极宽度的研究和开发，以提高在单位面积上所集成的晶体管数量。不过，这种做法会使电子移动的距离缩短，容易导致晶体管内部电子自发的、通过晶体管通道的硅底基板进行的、从负极流向正极的运动，也就是漏电现象；而且随着大规模集成电路中晶体管数量的增加，原本仅数个原子层厚的二氧化硅绝缘层会变得更薄，从而更容易导致泄漏更多的电子。由于泄漏电流的增加，实际上又变相地增加了芯片额外的功耗。所以，业界在不断地探索和更新制程设计，以及开发使用新型材料等，进而一次又一次地推进和刷新这个工艺制程。下面为国际半导体技术发展路线图(international technology roadmap for semiconductor)给出来的工艺制程进化时间表。

- 1971年：10 μm；
- 1974年：6 μm；
- 1977年：3 μm；
- 1982年：1.5 μm；
- 1985年：1 μm；
- 1989年：800 nm；
- 1994年：600 nm；
- 1995年：350 nm；
- 1997年：250 nm；
- 1999年：180 nm；
- 2001年：130 nm；
- 2004年：90 nm；

— 2006 年:65 nm;

— 2008 年:45 nm;

— 2010 年:32 nm;

— 2012 年:22 nm;

— 2014 年:14 nm;

— 2017 年:10 nm;

— 2018 年:7 nm;

— 约 2020 年:5 nm。

栅长实际上又分为光刻栅长和实际栅长,其中,光刻栅长是由光刻技术本身的精度决定的。由于在光刻中光存在衍射现象,并且在其实际成型中还要经历离子注入、蚀刻、等离子冲洗和热处理等过程,因此会导致光刻栅长和实际栅长不完全一致。图 5.2 所示为栅长示意图。

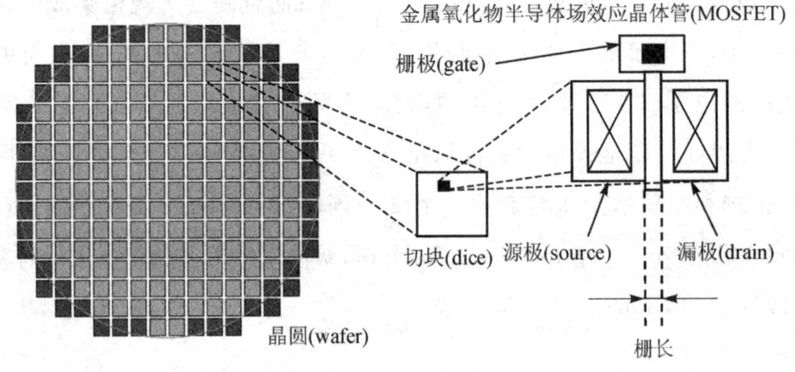

图 5.2 栅长示意图

这里,原始材料以硅为例:

第一步把采集下来的二氧化硅矿石经过电弧炉提炼、盐酸氯化、蒸馏等工序后,制成纯度极高的多晶硅;

第二步把多晶硅放在石英坩埚中,使用外围的石墨加热器进行加热,使多晶硅在坩埚中熔化,坩埚带着多晶硅的熔化物旋转,并且把一颗籽晶浸入其中,由拉制棒带着籽晶作反方向旋转,同时慢慢地、垂直地由硅熔化物中向上拉出,形成晶棒,如图 5.3 所示;

第三步对晶棒进行研磨,将凹凸的切痕磨掉,并且进行适当尺寸的切割,最后形成平齐标准的晶柱;

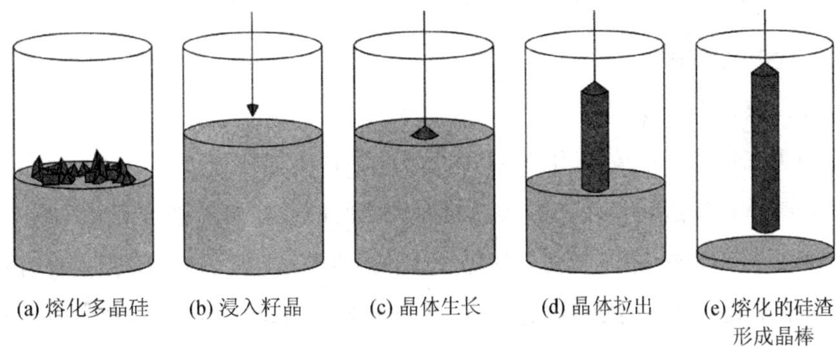

图 5.3　晶棒形成的过程

第四步对晶柱进行切片、磨边和抛光等处理，形成晶圆。

至止，制作芯片的最原始的材料就完成了，图 5.4 所示为晶圆制作的关键过程图。

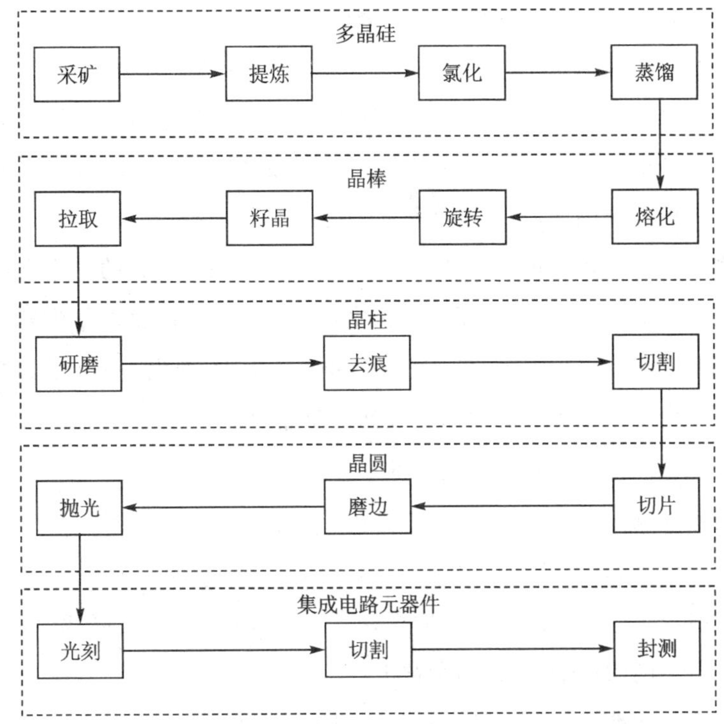

图 5.4　晶圆制作的关键过程图

对于不同功能的芯片需要有不同的逻辑和电路设计，并且对于数字电路、模拟电路、数字和模拟混合电路以及微机电系统（Micro Electro Mechanical Systems，MEMS）等，它们的设计过程还是有不同的地方的。对于安全芯片而言，它融合了数字和模拟混合信号。安全芯片设计过程主要分为如下几部分：

- 安全功能需求分析；
- 设计整体的系统架构；
- 归类底层通用的安全 IP 模块以及涉及的各类加密算法；
- 对整体设计进行模块化分解并对模块之间的通信协议进行定义；
- 对各个模块进行相应的逻辑代码设计和仿真测试(除特殊说明外，本书中指的逻辑代码设计默认为硬件描述语言 Verilog 或者 VHDL，不涉及门级电路)；
- 测试和验证组合在一起的已经通过测试和验证的模块；
- 进行 RTL(Register-Transfer Level)逻辑综合生成门级电路；
- 导出对应的网络表；
- 参照网络表进行布局和布线设计；
- 使用设计好的电路进行掩膜版本的制作；
- 将制作好的掩膜版本的样本结合晶圆中的切块进行光刻和蚀刻；
- 利用光耦设备读取送入生产的晶柱中的每一片晶圆的序号，以及每个晶圆中的每一个切块的 x、y 的坐标参数，再加上晶柱厂家的私有信息，生成一个全球唯一的分散因子，送入加密机；
- 加密机收到光耦成像设备送入的分散因子后，结合当天的生产日期产生一个另外的分散因子，然后使用加密机本体生产一个真随机数作为第三个分散因子，3 个分散因子一同送入一组安全分散算法中，产生一组加扰过的数据；
- 将上面由加密机生成的数据输入到对应晶圆中的每一个切块的测试过程，该加密数据即为安全芯片的全球唯一号；
- 加密机在输入全球唯一号的过程中，还需要将该全球唯一号送入新的一组分散算法中，并且结合主密钥(master key)作为其另外一组分散因子，最后生成对应每一个晶圆中切块的密钥和证书，对于用户而言，就是每一个芯片都具有不同的识别号、密钥和证书；
- 接下来为标准的切割、打线、封装和测试等流程；
- 完成老化和抽检等工作；
- 将安全芯片包装到托盘(tray)或者封卷带(tape-on-reel)中去；
- 进仓库或者出厂。

现在越来越多的安全芯片会提前把一些引导程序、操作系统和系统库文件(这 3

部分也被称为安全芯片的配置文件)的主要部分输入到 ROM(当下主流的还是使用 Flash ROM 和 EEPROM 技术)中，并且和安全芯片的其他模块合并在一起;然后，把合并在一起的电路图通过电子激光设备曝光在感光胶上,被曝光的区域会在金属铬上显影形成电路图形,成为曝光后底片的光掩膜版,接着对其电路图形进行投影定位,通过光刻机对所投影的电路进行光蚀刻。此掩膜生产加工的工序为曝光、显影、去感光胶,最后进行光蚀刻。图 5.5 所示为整个安全芯片的设计和生产过程。

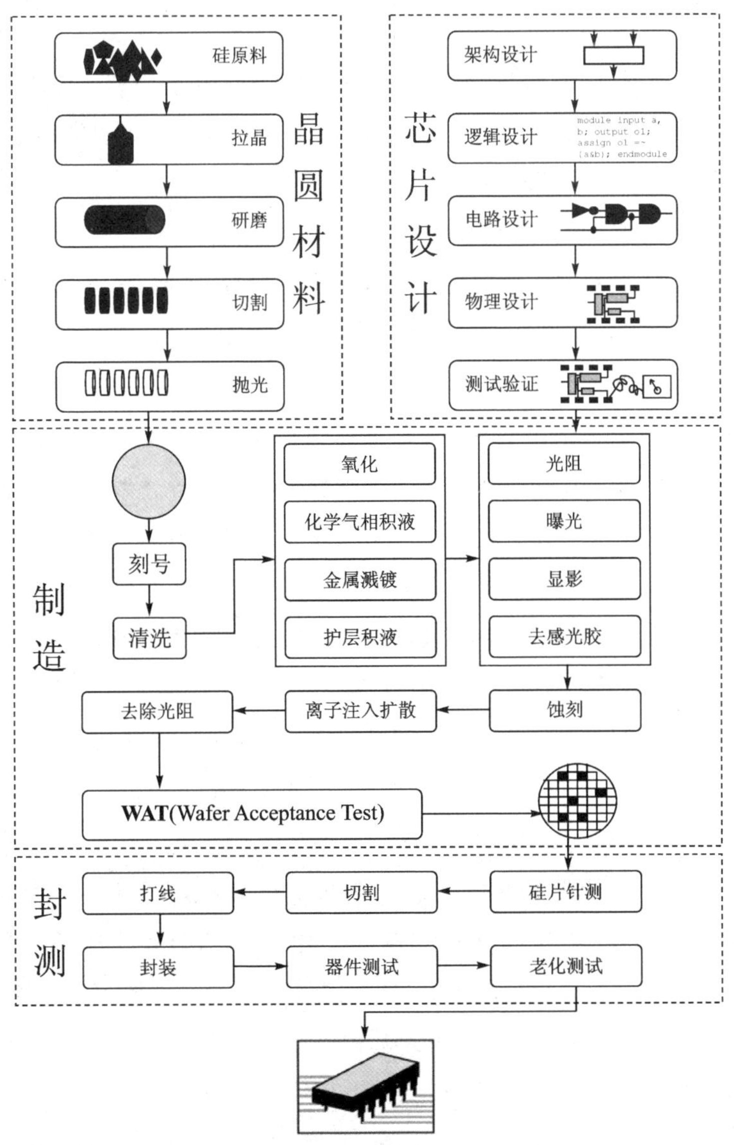

图 5.5　安全芯片的设计和生产过程

图 5.5 中的 WAT 过程对于安全芯片而言，外部还会有一个光耦设备（Optical Character Recognition，OCR），用于读取晶柱 Lot 号、晶圆 Wafer 序号，以及侦测每一个切块的 x、y 坐标，并把这 3 个数据结合晶圆材料厂的私有代码一并组成一串唯一号，一般该唯一号的长度为 16 字节，在 WAT 阶段写入只读 ROM 区域中。

5.4　OCR 码

本节以格罗方德半导体股份有限公司、力晶半导体和台湾积体电路制造股份有限公司为例，介绍这 3 家晶圆材料公司对 16 字节唯一号的编码规则的定义，该编码格式主要包括：

① 各家公司定义的 OCR 码长度域。

- 上述 3 家晶圆材料厂使用的长度范围为 4 比特，也就是 OCR 码中每个数据体的长度速查表的最大长度为 15 比特，OCR 码的数据体长度最大为 15 字节。
- 根据编码规则可以在唯一号的数据体中找到对应的 OCR 码长度域，对此每家公司都有不同的定义和表示。一般格罗方德半导体股份有限公司常用的长度为 13 字节，长度速查表的最大长度为 13 比特；力晶半导体常用的长度为 11 字节，长度速查表的最大长度为 11 比特；台湾积体电路制造股份有限公司常用的长度为 12 字节，长度速查表的最大长度为 12 比特。

② OCR 码中每个数据体长度速查表域。

- 上述 3 家晶圆材料厂的编码规则是：紧接着上一个 OCR 码长度域，提供一个 OCR 码中每个数据体长度的速查表，速查表的长度单位为比特，具体是多少比特由上面的 OCR 码长度域决定。
- OCR 码中每个数据体长度速查表域中的“0”比特，表示该对应的 OCR 码数据体域中的每一个 OCR 码的长度为 4 比特，并且该 4 比特所代表的是实际的阿拉伯数字。当数值超过“1001b”或者十进制“9”时，都使用连字符“-”代替。例如，二进制“1000b”表示这个 OCR 码值为“8”的 ASCII 码，二进制“1011b”则表示 OCR 码值为连字符“-”的 ASCII 码。
- OCR 码中每个数据体长度速查表域中的“1”比特，表示该对应的 OCR 码数据体域中的每一个 OCR 码的长度为 5 比特，并且该 5 比特的数值所表示的就是大写英文字母表的顺序，从 0 代表 A 开始。例如：二进制“00001b”转换成十进制为“1”，通过查询表 5.1 可知，该 OCR 码值为“B”的 ASCII 码；二进制“10111b”转换成十进制为 16＋4 ＋ 2 ＋ 1＝ 23，通过查询表 5.1 可知，该 OCR 码值为“X”的 ASCII 码。

表 5.1　大写字母与 5 比特示意的 OCR 码的顺序对应表

大写字母顺序	A	B	…	X	Y	Z
5 比特 OCR 码	0	1	…	23	24	25

③ 切块的 x、y 坐标域。

— 排列在 OCR 码中的每个数据体长度速查表域下面的域，就是每个对应的切块在晶圆上的横纵坐标参数，设计的理论思想就是在同一块晶圆上的每一个切块是不可能存在完全相同的 x、y 坐标的。

— 切块的 x、y 坐标域分别使用 2 字节长度表示，顺序为先 x 坐标，后 y 坐标。此域与上一个域之间不一定是完全紧接排列下来的，有可能会有空隙比特插在其中。

— 坐标的实际值就是该字节的十进制值。“例如，切块的 x 域中的二进制为“00100000b”，表示该切块的横坐标在整个晶圆的相对位置为 32；如果切块的 y 域中的二进制为“00010110b”，则表示该切块的纵坐标在整个晶圆的相对位置为 22。

④ 晶圆 Wafer 序号域。

⑤ 晶柱 Lot 号域。

⑥ OCR 码数据体域。

— 上面介绍了具体的切块的 x、y 坐标，根据其理念完全可以定位出每一颗芯片在晶圆上的实际位置，通常情况下，一个晶柱上大概可以切割出 25 片同尺寸的晶圆，假设晶圆的尺寸为 12 寸(300 mm，厚度为 775 μm)，使用 40 nm 的工艺制程，那么一片晶圆上大概能生产出 5 000～6 000 个切块，所以一个晶柱能生产出 13 000 颗(25 片晶圆乘以约 5 500 颗)左右的安全芯片。当然，由于各种原因，真正生产出来的安全芯片不一定能有这么多，这里提供数据就是为了有一个比较直观的了解，仅作为参考。所以，在同一个晶柱下面生产出来的 10 000 多个切块，每一个都需要使用唯一号进行区分，并且还需要有其他的信息，晶柱 Lot 号域和晶圆 Wafer 序号域就是这个用途，它们都被编码内嵌到 OCR 码数据体域中。

— 以格罗方德半导体股份有限公司的 16 字节串号为例："0x0000000037d252d904e336b2806c0206"，解析出来的 OCR 码数据体域为"TRTN6K01W01A6"，其中，"TRTN6K01"为晶柱 Lot 号域，"W01"表示 25 片晶圆中的第一片，"A6"为 OCR 码数据体域中数值完整性校验值。

— 以台湾积体电路制造股份有限公司的 16 字节串号为例："0x000000000017c0a272c3b2d05162055"，解析出来的 OCR 码数据体域为"HMW828-10F5"，其中，"HMW828"为晶柱 Lot 号域，"10"表示该晶圆的序号为 10，"F5" 为 OCR 码数据体域中数值完整性校验值。

— 以力晶半导体的 16 字节串号为例："0x00000000003380a2d210044247645655"，解析出来的 OCR 码数据体域为"ABC123-22-F5"，其中，"ABC123"为晶柱 Lot 号域，"22"表示该晶圆的序号为 22，"F5" 为 OCR 码数据体域中数值完整性校验值。

这里就以上面 3 家晶圆材料厂的 3 条串号为例，结合串号中各个域的详解，把它们之间的数据格式进行排列，并把编码域中的比特对应表展现出来，由此就可以把它们全部的串号编码规则一一呈现出来。表 5.2 所列为 3 种串号编码规则。

表 5.2　3 种串号编码规则

格罗方德半导体股份有限公司				台湾积体电路制造股份有限公司				力晶半导体			
串号	二进制	编码域	OCR解码	串号	二进制	编码域	OCR解码	串号	二进制	编码域	OCR解码
0	0	RFU	Null	0	0	RFU	Null	0	0	RFU	Null
	0				0				0		
	0				0				0		
	0				0				0		
0	0			0	0			0	0		
	0				0				0		
	0				0				0		
	0				0				0		

续表 5.2

格罗方德 半导体股份有限公司				台湾积体电路 制造股份有限公司				力晶半导体			
串号	二进制	编码域	OCR解码	串号	二进制	编码域	OCR解码	串号	二进制	编码域	OCR解码
0	0	RFU	Null	0	0	RFU	Null	0	0	RFU	Null
	0				0				0		
	0				0				0		
	0				0				0		
0	0			0	0			0	0		
	0				0				0		
	0				0				0		
	0				0				0		
0	0			0	0			0	0		
	0				0				0		
	0				0				0		
	0				0				0		
0	0			0	0			0	0		
	0				0				0		
	0				0				0		
	0				0				0		
0	0			0	0			0	0		
	0				0				0		
	0				0				0		
	0				0				0		
0	0			0	0			0	0		
	0				0				0		
	0				0				0		
	0				0				0		
3	0			0	0			0	0		
	0				0				0		
	1	OCR长度	13		0				0		
	1				0				0		
7	0			0	0			0	0		
	1				0				0		
	1	OCR参考表	5		0				0		
	1		5		0				0		
d	1		5	0	0			3	0		
	1		5		0				0		

续表 5.2

格罗方德半导体股份有限公司				台湾积体电路制造股份有限公司				力晶半导体			
串号	二进制	编码域	OCR解码	串号	二进制	编码域	OCR解码	串号	二进制	编码域	OCR解码
d	0	OCR参考表	4	0	0	RFU	Null	3	1	OCR长度	12
	1		5		0				1		
2	0		4	1	0			3	0		
	0		4		0				0		
	1		5		0				1	OCR参考表	5
	0		4		1	OCR长度	11		1		5
5	0		4	7	0			8	1		5
	1		5		1				0		4
	0		4		1				0		4
	1	RFU	Null		1	OCR参考表	5		0		4
2	0	X	45	c	1		5	0	0		4
	0				1		5		0		4
	1				0		4		0		4
	0				0		4		0		4
d	1			0	0		4	a	1		5
	1				0		4		0		4
	0				0		4		1	RFU	Null
	1				0		4		0	X	22
9	1	RFU		a	1		5	2	0		
	0	Y	32		0		4		0		
	0				1	RFU	Null		1		
	1				0	X	19		0		
0	0			2	0			d	1		
	0				0				1		
	0				1				0		
	0				0				1	RFU	Null
4	0			7	0			2	0	Y	33
	1	OCR1	T		1				0		
	0				1				1		
	0				1	RFU	Null		0		
e	1			2	0	Y	44	1	0		
	1				0				0		
	1	OCR2	R		1				0		
	0				0				1		

续表 5.2

格罗方德半导体股份有限公司				台湾积体电路制造股份有限公司				力晶半导体			
串号	二进制	编码域	OCR解码	串号	二进制	编码域	OCR解码	串号	二进制	编码域	OCR解码
3	0	OCR2	R	c	1	Y	44	0	0	OCR1	A
	0				1				0		
	1				0				0		
	1	OCR3	T		0				0		
3	0			3	0	OCR1	H	0	0		
	0				0				0	OCR2	B
	1				1				0		
	1				1				0		
6	0	OCR4	P	b	1			4	0		
	1				0	OCR2	M		1		
	1				1				0	OCR3	C
	0				1				0		
b	1			2	0			4	0		
	0	OCR5	6		0				1		
	1				1	OCR3	W		0		
	1				0				0	OCR4	1
2	0			d	1			2	0		
	0	OCR6	K		1				0		
	1				0				1		
	0				1	OCR4	8		0	OCR5	2
8	1			0	0			4	0		
	0				0				1		
	0	OCR7	0		0				0		
	0				0	OCR5	2		0	OCR6	3
0	0			5	0			7	0		
	0				1				1		
	0	OCR8	1		0				1		
	0				1	OCR6	8		1	OCR7	-
6	0			1	0			6	0		
	1				0				1		
	1	OCR9	W		0				1		
	0				1	OCR7	-		0	OCR8	2

续表 5.2

格罗方德半导体股份有限公司				台湾积体电路制造股份有限公司				力晶半导体			
串号	二进制	编码域	OCR解码	串号	二进制	编码域	OCR解码	串号	二进制	编码域	OCR解码
c	1	OCR9	W	6	0	OCR7	-	4	0	OCR8	2
	1				1				1		
	0				1				0		
	0	OCR10	0		0	OCR8	1		0	OCR9	2
0	0			2	0			5	0		
	0				0				1		
	0				1				0		
	0	OCR11	1		0	OCR9	0		1	OCR10	-
2	0			0	0			6	0		
	0				0				1		
	1				0				1		
	0	OCR12	A		0	OCR10	F		0	OCR11	F
0	0			5	0			5	0		
	0				1				1		
	0				0				0		
	0				1				1		
6	0	OCR13	6	5	0	OCR11	5	5	0	OCR12	5
	1				1				1		
	1				0				0		
	0				1				1		

下面是用 Python 语言编写的示例代码，从安全芯片唯一的串号中解码出晶圆材料厂、晶柱 Lot 号、晶圆 Wafer 序号和此切块的 x、y 坐标信息。当然，每一个安全芯片厂家在设计和定义时肯定是不同的，下面的解析过程仅适用格罗方德半导体股份有限公司定义的数据格式。

```
import sys


#测试数据 1
#diceIdDecoder.py 0000000037d252d904e336b2806c0206
#strDiceId = "0000000037d252d904e336b2806c0206"
#测试数据 1 解码结果
#siteNo = 0
```

```
#ocrSize = 13
# (34, 38, 52, 61, 69)
#bitmapOcr = 1111010010010
#X = 45  Y = 32
#strOcr: TRTN6K01W01A6
#TRTN6K01_01_45_32

#测试数据 2
# diceIdDecoder.py 000000001BE129145E719B64442C0220
#strDiceId = "000000001BE129145E719B64442C0220"
#测试数据 2 解码结果
#siteNo = 0
#ocrSize = 13
# (35, 39, 53, 62, 70)
#bitmapOcr = 1111000010010
#X = 34  Y = 23
#strOcr: TRTN9110W01C0
#TRTN9110_01_34_23

strDiceId = sys.argv[1]
# print (strDiceId)

strBinId = ""
hexDcieId = [0] * 16
siteNo = -1
idxOcrSize = -1
idxOcr = -1
idxX = -1
idxOcrBlock = -1

Xsize = 8
Ysize = 8
ocrItemSize = [4, 5]
strOcr = ""

i = 0
while i<len(strDiceId) - 1 :
  idx = i >> 1
hexDiceId[idx] = int(strDiceId[i:i+2], 16)
strBinByte = bin(hexDiceId[idx])[2:]
  if (hexDiceId[idx]>0 and siteNo == -1) :
    if idx == 4 :
```

```
        siteNo = 0
      elif idx == 4 and hexDiceId[idx] == 1 :
          siteNo = 1
      else :
        siteNo = 2

      idxOcrSize = idxOcrSize + int(hexDiceId[idx] & 0x80 == 0)
      idxOcrSize = idxOcrSize + int(hexDiceId[idx] & 0x40 == 0)
      idxOcrSize = idxOcrSize + int(hexDiceId[idx] & 0x20 == 0)
      idxOcrSize = idxOcrSize + int(hexDiceId[idx] & 0x10 == 0)
      idxOcrSize = idxOcrSize + int(hexDiceId[idx] & 0x08 == 0)
      idxOcrSize = idxOcrSize + int(hexDiceId[idx] & 0x04 == 0)
      idxOcrSize = idxOcrSize + int(hexDiceId[idx] & 0x02 == 0)
      idxOcrSize = idxOcrSize + int(hexDiceId[idx] & 0x01 == 0)
      idxOcrSize = idxOcrSize + idx * 8
      # print ("idxOcrSize = " + hex(idxOcrSize))

  while len(strBinByte)<8 :
          strBinByte = "0" + strBinByte
  # print ("strBinByte: 0b " + strBinByte)
  strBinId = strBinId + strBinByte
  # print (hex((hexDiceId[i >> 1])))
  # print ("strBinId: 0b " + strBinId)

  i = i+2

  # print (hexDcieId)
  print ("siteNo = %d" % siteNo)
  ocrSize = int(strBinId[idxOcrSize:idxOcrSize+4], 2)
  print ("ocrSize = %d" % ocrSize)

  idxOcr = idxOcrSize + 4
  idxX = idxOcr + ocrSize + 1
  idxY = idxX + Xsize + 1
  idxOcrArray = idxY + Ysize

  print (idxOcrSize, idxOcr, idxX, idxY, idxOcrArray)
  bitmapOcr = strBinId[idxOcr:(idxOcr + ocrSize)]

  X = int(strBinId[idxX:idxX+8], 2)
  Y = int(strBinId[idxY:idxY+8], 2)
```

```
print ("bitmapOcr = " + bitmapOcr)
print ("X = %d" %X + "\tY = %d" %Y)

offset = idxOcrArray
i = 0
while i < ocrSize :
  anOcrSize = 4 + int(bitmapOcr[i], 2)
  anIntOcr = int(strBinId[offset:offset + anOcrSize], 2)
  offset = offset + anOcrSize
  # print ("anIntOcr = %d" %anIntOcr)

  if anOcrSize == 4 :
    anOcrChar = '%d' %anIntOcr
  else :
    anOcrChar = chr(ord('A') + anIntOcr)
  strOcr = strOcr + anOcrChar
  i = i + 1

print ("strOcr: " + strOcr)
strFactoryDiceId = strOcr[0:8] + "_" + strOcr[9:11] + "_%d" %X + "_%d" %Y
print (strFactoryDiceId)
```

5.5　串号和CPLC数据

除了5.4节中为安全芯片写入唯一号的过程以外，还有相对应该唯一号对每一个安全芯片进行密钥和证书灌入的过程。这个串号在安全芯片领域里会嵌入到一串由VGP卡实现规范（Visa Global Platform Card Implementation Requirement）定义的CPLC（Card Production Life Cycle）卡片生命周期管理数据体中。因为安全芯片设计的主要框架和理念都来自于智能卡芯片，所以可以看到很多地方的定义和术语也是从智能卡芯片技术上沿袭过来的。卡片生命周期管理数据体与串号数据体相比，一般后者主要提供16字节表示的晶圆材料和制造的相关信息等，而前者则在后者的基础上把安全芯片设计公司的厂家代码、芯片、操作系统版本、密钥和证书灌入的时间（一般以一年中的第几周为单位）以及安全芯片预个人化的一些信息一起放入一个总长度为42字节的数据体中。

在安全芯片初始化完成后，默认进入ISD主控安全域或者通过APDU选择命令切换到主控安全域下，就可以在接触或者非接触通道（视具体SE安全产品的定义为准)中输入表 5.3 所列的 APDU 命令得到 CPLC 数据。获取 SE 安全芯片 CPLC 数据的命令格式如表 5.3 所列。

表 5.3 获取 SE 安全芯片 CPLC 数据的命令格式

CLA	INS	P1	P2	Lc	数据体
0x84	0xCA	0x9F	0x7F	0x0	无

与上面获取 CPLC 命令的返回数据格式对应的是标准的 TLV 格式。返回的数据长度是固定的,CPLC 数据体长度为 42 字节,再外加两个 SW 的状态字。当状态字为 0x9000 时,表示 CPLC 获取数据体的返回状态是正确的,否则为读取操作异常(具体异常类型需要参考状态字列表说明)。表 5.4 所列为获取 SE 安全芯片 CPLC 命令的返回数据格式。

表 5.4 获取 SE 安全芯片 CPLC 命令的返回数据格式

标签(Tag)		长度(Length)	键值(Value)	SW1	SW2
0x9F	0x7F	0x2A	CPLC 数据体以及示例数据见该表下面的描述	0x90	0x00

下面所使用的 CPLC 数据是基于恩智浦公司的一颗 NFC 芯片 PN80T,此芯片由一颗 NFC 射频控制芯片 PN553 与一颗 SE 安全芯片 P73N2M0 上下堆叠并封装在一起。在实际的物理连接中,此 SE 安全芯片与外部通信的接口有两种如下:

(1) SWP 接口或者私有定义接口

- 此 NFC 射频控制芯片通过 I2C、SPI 或者 UART 接口与外部主机端相连,SE 安全芯片则通过内部的 SWP 接口(或者其他私有接口)与该 NFC 射频前端控制器芯片相连;
- NFC 射频控制芯片通过射频前端加天线与外部的 13.56 MHz 的 POS 机或者读头进行非接触通信,然后再通过内部的 SWP 接口(或者其他私有接口)转发给 SE 安全芯片。

(2) SPI、UART 或者 ISO7816 接口

- SE 安全芯片直接通过接触式的接口与外部主机端进行通信,例如 SPI、UART 或者 ISO7861 接口;
- 通常在 SPI、UART 或者 ISO/IEC 7861 的物理接口上使用 ISO/IEC 7816 -

3中所定义的对等半双工传输协议(T=1)进行实际的数据交换。

在NFC移动支付设计的场景定义中,基于安全因素的考虑,一般SE安全芯片会在操作系统层面,关闭此非接触通道对获取SE安全芯片CPLC数据的命令的支持(具体看应用需求,在一些特殊情形下可以通过下发私有指令将其打开,比如通过非接触方式调试用途等),主要还是认为非接触通道主要用于支付等用途,对于获取SE安全芯片信息的用途,把接口只留给主机端,实际用户可以通过自己控制的主机端对其SE安全芯片下发相关的获取信息的命令。所以,对于主机端获取SE安全芯片信息的通道就只有两种:主机端先通过I2C的NFC射频前端控制器,再经过NFC与SE安全芯片的内部接口;主机端直接通过SPI、UART或者ISO/IEC 7816接口与SE安全芯片进行通信。

在SE安全芯片正常复位和启动后,本节使用主机端通过SPI接口直接给该SE安全芯片发送获取SE安全芯片CPLC数据的命令"0x84CA9F7F00",那么SE安全芯片回复的数据信息,除了两字节的标签"0x9F7F"、长度"0x2A"和两字节"0x9000"的状态字以外,还有42字节的CPLC数据体:"0x4790 0573 4701 2198 0100 7033 00392694 0555 4810 0000 0051 0000 0405 2C4B 793F8001 0000 0000 00535244"。表5.5所列为CPLC数据体中各个元素的定义。

表5.5 CPLC数据体中各个元素的定义

CPLC数据体中各个元素的定义	数据结构和示例	长度/字节
芯片制造厂(IC fabricator)	0x4790	2
芯片类型(IC type)	0x0573 HWVersion | DeviceType[④]	2
操作系统标识符(operating system identifier)	0x4701 Platform Identifier[6...7][①]	2
操作系统发布时间(operating system release date)	0x2198Platform Identifier[8...11]	2
操作系统版本(operating system release level)	0x0100Platform Identifier[12...15]	2
芯片制造时间(IC fabrication date[③])	0x7033SerialNumber[8..9]	2
芯片串号(IC serial number)	0x00392694SerialNumber[10..13]	4
芯片批次标识符(IC batch identifier)	0x0555SerialNumber[14..15]	2
芯片模块制造厂(IC module fabricator)	0x0000 (wafer) or 0x4810 (module)	2
芯片模块封装时间(IC module packaging date)	0x0000	2
芯片厂家(ICC manufacturer)	0x0051OEM code	2
芯片嵌入时间(IC embedding date)	0x0000	2
芯片预个人化(IC pre-personalizer)	0x0405SerialNumber[0..1]	2

续表 5.5

CPLC 数据体中各个元素的定义	数据结构和示例	长度/字节
芯片预个人化时间(IC pre-personalization date)	0x2C4BSerialNumber[2..3]	2
芯片预个人化设备标识符(IC pre-personalization equipment identifier)	0x793F8001SerialNumber[4..7]	4
芯片个人化(IC personalizer)	0x0000	2
芯片个人化时间(IC personalization date)	0x0000	2
芯片个人化设备标识符(IC personalization equipment identifier)	0x00000000[2]	4

注:①BCD 编码格式。

②ASCII 编码格式,此域的 4 字节一般为芯片批次的代号标识(Fabkey ID)。

③使用的是 BCD 编码格式,2 字节的编码格式为"YDDD",其中,"Y"指平时年份中的最后一位数,取值范围为 0~9,例如 2017 年,"Y"为"7";"DDD"指的是一年中的第几天,取值范围为 1~366,例如一年中的第 33 天,"DDD"为"033"。

④ 域中的 0x73 表示 SE 安全芯片 P73N2M0。

由上述内容可以看出,SE 安全芯片的串号实际上是分开嵌入到 CPLC 数据体中的,按串号规则经过重新排列后,这 16 字节的串号应该排列为:

SerialNumber[0..1]　芯片预个人化(IC pre-personalizer) 0x0405

SerialNumber[2..3]　芯片预个人化时间(IC pre-personalization date) 0x2C4B

SerialNumber[4..7]　芯片预个人化设备标识符(IC pre-personalization equipment identifier) 0x793F8001

SerialNumber[8..9]　芯片制造时间(IC fabrication date) 0x7033

SerialNumber[10..13]　芯片串号(IC serial number) 0x00392694

SerialNumber[14..15]　芯片批次标识符(IC batch identifier) 0x0555

实际工作时会读取组合的数据包为"0x04052C4B793F80017033003926940555",然后再进行相关应用。但是,在 SE 安全芯片实际生产和使用时,为提高安全等级,设计公司一般还会在生产线上进行串号加强处理,例如通过外部的密码机生成 16 个真随机数并使其混合在一起,最后再做串号灌注、CPLC 数据生产和灌注;另外,根据串号(或者 CPLC 数据)进行一机一密钥和一证书的分散与安全芯片注入。关于安全芯片串口的获取,以 PN80x 为例,关于安全芯片串口的获取,可以通过芯片定义的获取 SE 安全芯片串号"Get_Serial_Number"的命令标签来获得,然后把命令标签放入 APDU 的"GET DATA"的数据体中,组装好后进行命令传输。表 5.6 所列为获取 SE 安全芯片串号"Get_Serial_Number"的 APDU 命令。

表 5.6　获取 SE 安全芯片串号的命令格式

CLA	INS	P1	P2	Lc	数据体
0x80	0xCA	0x00	0xFE	0x02	0xDF21

获取 SE 安全芯片串号命令的返回值一共包含 26 字节，前面的 24 字节为 SE 安全芯片的串号数据体，后面 2 字节为状态字。0x9000 为正确的操作返回值，其他的返回值则表示该命令有运行异常，即使数据体有数据一同返回也不能取信，需要查明原因，直到返回 0x9000 的状态，串号数据体才可以正常采用。表 5.7 所列为获取 SE 安全芯片串号命令的返回数据格式。

表 5.7　获取 SE 安全芯片串号命令的返回数据格式

数据体	SW1	SW2
24 字节的 SE 安全芯片的串号 数据体以及示例数据如表 5.8 所列	0x90	0x00

上面的 24 字节的数据体中，其中有 16 字节与 CPLC 数据体的串号域数据是一样的，在这个基础上再加上加密机生成的 8 个真随机数（放在后面），如表 5.8 所列。

表 5.8　SE 安全芯片的串号数据结构

串号数据结构	长度/字节	注　释	示　例
SerialNumber[0..6]	7	ISO14443 定义 SE 安全芯片的 7 字节的 UID	0x04052C4B793F80
SerialNumber[7]	1	SE 安全芯片生产的年代	0x01
SerialNumber[8..9]	2	SE 安全芯片生产的日期	0x7033
SerialNumber[10..12]	3	SE 安全芯片真正的唯一串号域①	0x003926
SerialNumber[13..15]	3	SE 安全芯片批次的标识符	0x940555
HsmRandom[0..7]	8	加密机产生的 8 字节的真随机数	0xBC877D5FC4C0B6E1

① 取值范围为 0x000000～0xFFFFFF，所以唯一串号的最大取值为 16 777 215。也就是说，如果一天生产或者进行灌注串号的 SE 安全芯片总量小于 1 600 多万，则实际上可以在每天开始生产时以 0x000000 为基准，然后在每次生产或者进行串号灌注时对 SerialNumber [10..12]进行加 1 操作，在下一天开始时，把串号置为 0x000000，只是这时对 SerialNumber [8..9]进行加 1 处理，如此循环往复；或者在每天开始生产时以 0xFFFFFF 为基准，然后每次生产或者进行串号灌注时对 SerialNumber [10..12]进行减 1 操作，在下一天开始时，把串号设置为 0xFFFFFF，只是这时对 SerialNumber [8..9]进行加 1 处理，然后如此循环往复。

5.6 特征值参数

为方便说明 NFC 射频前端控制器芯片的串号和 SE 安全芯片的 CPLC、串号、Fabkey 标识号、平台标识号、CASD 中的二组 RSA 证书，这里继续以恩智浦公司的 NFC 芯片 PN80T 为例。表 5.9 所列为 NFC 射频前端控制器和 SE 安全芯片的特征值参数。

表 5.9 NFC 射频前端控制器和 SE 安全芯片的特征值参数

NFC 射频前端控制器	
命令格式	示例数据
获取 NFC 控制器的串号 pnx - ndi	NFCC Batch：PN80TB0 NFCC DieID：000000001BE1296C6A719B6424AC1260
SE 安全芯片	
获取 SE 安全芯片的 CPLC /send 80ca9f7f00	<= 9F 7F 2A 47 90 05 73 47 01 21 98 01 00 70 33 01 62 08 94 05 54 48 10 00 00 00 51 00 00 04 47 47 5B 79 3F 80 01 00 00 00 00 00 53 52 44 90 00
获取 SE 安全芯片的串号 /send 80ca00fe02df21	<= FE 1B DF 21 18 04 47 47 5B 79 3F 80 01 70 33 01 62 08 94 05 54 BC 87 7D 5F C4 C0 B6 E1 90 00
获取 SE 安全芯片的 Fabkey 标识号 /send 80ca00fe02df23	<= FE 07 DF 23 04 00 53 52 44 90 00
获取 SE 安全芯片的平台标识号 /send 80ca00fe02df20	<= FE 13 DF 20 10 4A 35 4F 31 4D 36 30 31 32 31 39 38 30 31 30 30 90 00
获取 SE 安全芯片中 CASD 的第一组 RSA 证书(CERT. CASD. AUT)，正确返回的状态字为 0x6310； 获取 SE 安全芯片中 CASD 的第二组 RSA 证书(CERT. CASD. CT)，正确返回的状态字为 0x6310； /send 00A404000CA00000015153504341534400 00 /send 80ca7f2100 /send 80ca7f2100	<= 7F 21 81 F1 7F 21 81 ED 93 10 04 47 47 5B 79 3F 80 01 70 33 01 62 08 94 05 54 42 07 63 70 93 01 00 00 17 5F 20 01 00 95 01 88 5F 24 04 21 15 08 07 45 01 00 53 08 BC 87 7D 5F C4 C0 B6 E1 5F 37 81 90 23 FA A3 02 74 18 7A 43 A6 A9 DB FE 59 D1 C2 B4 CE 8E 33 C1 02 B1 7C FD A7 20 F1 95 0B 6C 7B 07 D1 80 40 1C 9E 41 18 D7 F7 31 5B 6C 2F D4 A1 FF 10 6B 3A 47 19 BA 60 10 C9 1A 7F A5 06 06 1D 84 E3 F7 BE BC E8 28 A9 27 7D 5E 9D 84 8E 63 B3 F3 8F 99 63 22 A4 61 09 DC 85 F1 0B 3A 58 76 8B 35 D3 D6 27 5F EB F8 01 B5 F1 D6 CE 67 94 95 3F ED 22 DB 02 47 D9 9B 35 27 63 4F 10 88 CF 3E 29 00 4B 4A 47 AC 4F 82 7F 0C 6E 0C F4 63 52 D0 42 CA 5F 38 20 79 D6 E1 DC C5 09 FD 82 C7 81 D1 0C 56 86 C2 C6 A6 34 68 F6 D6 D2 CB 6E C8 87 8D 60 BD 11 0E 43 63 10

续表 5.9

NFC 射频前端控制器	
获取 SE 安全芯片中 CASD 的第三组 ECC 证书（CERT. CASD. ECKA），正确返回的状态字为 0x9000； /send 00A404000CA0000001515350434153440000 /send 80cc7f2100	<= 7F 21 81 BD 7F 21 81 B9 93 10 04 47 47 5B 79 3F 80 01 70 33 01 62 08 94 05 54 42 07 63 70 93 01 00 00 19 5F 20 01 00 95 02 00 80 5F 24 04 21 15 08 07 45 01 00 7F 49 46 B0 41 04 08 F0 85 51 CA 71 07 F1 28 C4 47 8D 1A CF 8F F8 BC 88 A8 EA 53 F6 C0 6D 38 6C BC 87 74 7A 8A E0 B2 A7 A7 F0 75 1C D8 56 AB 3B A0 3F 35 D0 32 01 24 89 00 67 B3 37 13 4C 70 D4 D7 BB A5 35 9F 2D F0 01 00 5F 37 40 E5 0D D9 28 E0 1D B6 F9 07 D6 B2 1D DE 6F 01 BB 0A E1 54 B6 21 F0 86 D8 0A A5 52 85 FB 69 32 EB 54 D5 92 13 20 4F 23 94 55 6F C8 A9 B8 9C 6D A5 78 9C FD BF 55 D1 6D ED D0 36 F4 3D D1 E5 FD E3 90 00

① 获取 NFC 控制器的串号。

- 因为在 NFC 射频前端控制器中需要运行固件，所以在固件发布前对其签名时，需要使用该唯一串号。固件签名可以是针对一个批次的芯片，也可以是针对某一个或者某几个芯片进行单独签名。
- 在获取 NFC 射频前端控制器的串号时，可以直接在 Android 的 adb 环境下运行 PNX 工具发送“pnx-ndi”命令，来提取芯片的串号。命令数据通路过程为：在 Android 系统正常工作时，在外部启动一个运行 adb 的调试环境，PNX 工具存放在手机的/system/bin 文件夹下，这时 PNX 运行在 adb 的调试窗口下，当用户输入获取 NFC 射频前端控制器串号的命令“pnx-ndi”时，PNX 工具将调用 NFC 芯片在 Android 系统中的设备节点驱动程序，并且调用相应的 ioctl、read 和 write 接口，实现对 NFC 硬件的相关操作。
- 获取 NFC 射频前端控制器串号的 NCI 指令流程如下：

```
AP->NFC:    20 00 01 00
NFC->AP:    40 00 03 00 10 00
AP->NFC:    20 01 00
NFC->AP:    40 01 19 00 03 0E 02 01 08 00 01 02 03 80
```

```
        82 83 84 02 5C 03 FF 02 00 04 51 11 01 0E
/*
0x40  ->PN553 A0
0x41  ->PN553 B0
0x50  ->PN80T A0
0x51  ->PN80T B0

NFCC Batch: PN80TB0
 */

AP ->NFC:     2F 02 00
NFC ->AP:     4F 02 05 00 00 00 D2 9B
AP ->NFC:     20 03 03 01 A0 01
NFC ->AP:     40 03 15 00 01 A0 01 10 00 00 00 00 1B
              E1 29 6C 6A 71 9B 64 24 AC 12 60
/*
NFCC DieID:000000001BE1296C6A719B6424AC1260
 */
```

- 主机端对 NFC 射频前端控制器发送的命令格式为 NCI 命令，具体 NCI 的命令格式和细节可以参考《NFC 技术基础篇》一书中的详细描述。

② 获取 SE 安全芯片的 CPLC。

- 如果命令通过的通道为 NFC 射频前端控制器与 SE 安全芯片之间的通道，那么就需要提前建立好 SWP 协议的数据通道，通道一旦建立成功后，就可以直接在主机端发送获取 SE 安全芯片的 CPLC 命令，也就是发送数据“0x80ca9f7f00”，运行的 PNX 命令为“pnx-ese 0, /get-cplc”。
- 如果命令为主机端直接与 SE 安全芯片之间进行通信，则可以直接把获取 SE 安全芯片的 CPLC 的 APDU 命令“0x80ca9f7f00”，包装在 ISO 7816 - 3 所定义的对等半双工传输协议(T=1)的数据包中。

③ 获取 SE 安全芯片的串号。

- 如果命令通过的通道为 NFC 射频前端控制器与 SE 安全芯片之间的通道，那么就需要提前建立好 SWP 协议的数据通道，通道一旦建立成功后，就可以直接在主机端发送获取 SE 安全芯片串号的命令，也就是发送数据“0x80ca00fe02df21”，运行的 PNX 命令为“pnx-ese 0, /get-sn”。
- 如果命令为主机端直接与 SE 安全芯片之间进行通信，则可以直接把获取 SE

安全芯片串号的APDU命令“0x80ca00fe02df21”,包装在ISO/IEC 7816－3所定义的对等半双工传输协议(T=1)的数据包中。

－ 获取SE安全芯片串号的APDU命令“0x80ca00fe02df21”,实际上是把Tag标签“0xdf21”嵌入到ISO/IEC 7816－4所定义的“GET DATA”命令中。

④ 获取SE安全芯片的Fabkey标识号。

－ 如果命令通过的通道为NFC射频前端控制器与SE安全芯片之间的通道,那么就需要提前建立好SWP协议的数据通道,通道一旦建立成功后,就可以直接在主机端发送获取SE安全芯片Fabkey标识号的命令,也就是发送数据“0x80ca00fe02df23”,运行的PNX命令为“pnx-ese 0, /get-fabkey”。

－ 如果命令为主机端直接与SE安全芯片之间进行通信,则可以直接把获取SE安全芯片Fabkey标识号的APDU命令“0x80ca00fe02df23”,包装在ISO/IEC 7816－3所定义的对等半双工传输协议(T=1)的数据包中。

－ 获取SE安全芯片Fabkey标识号的APDU命令“0x80ca00fe02df23”,实际上是把T标签“0xdf23”嵌入到ISO/IEC 7816－4所定义的“GET DATA”命令中。

－ Fabkey标识号通常用4字节表示,这4字节的标识可以快速区分和定位某一批次的SE安全芯片,而不需要特别指定某一类的密钥或者证书等。对于拥有相同的Fabkey标识号,表示这些SE安全芯片是相同批次的,这些相同批次的SE安全芯片具有相同的主密钥和相同的密钥分散规则。Fabkey标识号的命名规则符合ASCII编码,如表5.9中返回的Fabkey标识号“00 53 52 44”,可将其称为Fabkey ID为“ SRD”的SE安全芯片。

⑤ 获取SE安全芯片的平台标识号。

－ 如果命令通过的通道为NFC射频前端控制器与SE安全芯片之间的通道,那么就需要提前建立好SWP协议的数据通道,通道一旦建立成功后,就可以直接在主机端发送获取SE安全芯片平台标识号的命令,也就是发送数据“0x80ca00fe02df20”,运行的PNX命令为“pnx-ese 0, /identify”。

－ 如果命令为主机端直接与SE安全芯片之间进行通信,则可以直接把获取SE安全芯片平台标识号的APDU命令“0x80ca00fe02df20”,包装在ISO/IEC 7816－3所定义的对等半双工传输协议(T=1)的数据包中。

－ 获取SE安全芯片平台标识号的APDU命令“0x80ca00fe02df20”,实际上是把 Tag 标签“0xdf20”嵌入到 ISO/IEC 7816－4 所定义的“GET DATA”命令中。

－ SE 安全芯片平台标识号的返回值有：命令参数 2 的“0xFE”、长度“0x13”、标签“0xDF20”、平台标识号返回数据体的长度“0x10”、16 字节的 BCD 编码以及外加 2 字节的状态字。下面为 SE 安全芯片平台标识号的解析示例：

```
<= 0xFE13DF20 10 4A354F314D36303132313938303130 30 9000
/*
"J5O1M60121980100"
-- J JCOP
-- 5 SE Hardware Type [NFC binding]
-- 0 JCOP Version 04
-- 1M6 Non-Volatile memory size
-- 012198 Build Number
-- 01 Mask ID
-- 00 Patch ID
-- 0x9000 No error

J5O1M60121980100 ->JCOP Version : JCOP 4.0 R1.00.1
*/
```

⑥ 获取 SE 安全芯片的 CASD 证书。

－ 在测试 SE 安全芯片 P73N2M0 的示例中，在获取 SE 安全芯片的 CASD 控制权限安全域的证书时，因为其默认指定的 CASD 的 AID 为“0xA000000151535 04341534400”，与 ISD 主控安全域（AID 为“0xA000000151000000”）为两个不同的域，所以这个命令与上面介绍的其他获取特征值命令不同的地方是需要主动地切换到 CASD 的 AID 上面去。ISD 主控安全域为一个默认的工作域，复位启动或者异常重启后都会回到这个 ISD 工作域中，所以一般也不用特别主动地切换到 ISD 主控域中。但是，当之前的工作域变化了，需要回到 ISD 主控安全域时，需要通过 ISO/IEC 7816－4 所定义的“SELECT FILE”命令对 AID 进行相应的切换。所以，对于这里的 CASD 控制权限安全域，第一条命令就需要把工作的安全域切换到 CASD 下面，切换命令为“/send 00A404000CA00000015153504341534440000”，对应的实际 APDU 数据就是“00A404000C A00000015153504341534440000”，前半部分为 ISO/IEC 7816－4 所定义的“SELECT FILE”命令格式，后半部分为CASD的AID。

- 读取的CASD证书中包含一个随机公钥和SE安全芯片的串号,其中,串号不包括那个8字节的真随机数。

发送命令"/send 80ca7f2100"可以获取安全域的证书。GP规范定义APDU中的参数P1、P2为"0x7f21"时表示安全域证书相关的Tag标签,如证书读取、存储、更新和验证等;操作码为"0xCA"时表示ISO/IEC 7816-4所定义的"GET DATA"命令。第一次输入APDU"/send 80ca7f2100"命令时,获取SE安全芯片中CASD的第一组RSA证书(CERT.CASD.AUT),正确返回的状态字为0x6310;再次输入APDU"/send 80ca7f2100"命令时,获取SE安全芯片中CASD的第二组RSA证书(CERT.CASD.CT),正确返回的状态字为0x6310(如果再一次重复输入相同命令,则又循环回去了);当输入APDU"/send 80cc7f2100"时,获取SE安全芯片中CASD的第三组ECC证书(CERT.CASD.ECKA),正确返回的状态字为0x9000。

限于篇幅,本书就分析一组CASD安全域的公钥证书,参考上面测试数据返回的SE安全芯片中CASD的第一组RSA证书(CERT.CASD.AUT),进行CASD证书数据结构的对比和分析。

```
Certificate:
7F 21 81 F1 7F 21 81 ED

Certificate Serial Number:
93 10 04 47 47 5B 79 3F 80 01 70 33 01 62 08 94 05 54

CA Identifier:
42 07 63 70 93 01 00 00 17

Subject Identifier:
5F 20 01 00

Key Usage:
95 01 88

Effective Date (YYYYMMDD,BCD format):
Optional

Expiration Date (YYYYMMDD,BCD format):
5F 24 04 21 15 08 07
```

```
CA Security Domain Image Number:
45 01 00

Discretionary Data:
53 08 BC 87 7D 5F C4 C0 B6 E1

Signature:
5F 37 81 90 23 FA A3 02 74 18 7A 43 A6 A9 DB FE
59 D1 C2 B4 CE 8E 33 C1 02 B1 7C FD A7 20 F1 95
0B 6C 7B 07 D1 80 40 1C 9E 41 18 D7 F7 31 5B 6C
2F D4 A1 FF 10 6B 3A 47 19 BA 60 10 C9 1A 7F A5
06 06 1D 84 E3 F7 BE BC E8 28 A9 27 7D 5E 9D 84
8E 63 B3 F3 8F 99 63 22 A4 61 09 DC 85 F1 0B 3A
58 76 8B 35 D3 D6 27 5F EB F8 01 B5 F1 D6 CE 67
94 95 3F ED 22 DB 02 47 D9 9B 35 27 63 4F 10 88
CF 3E 29 00 4B 4A 47 AC 4F 82 7F 0C 6E 0C F4 63
52 D0 42 CA

Public Key Modulus Remainder:
5F 38 20 79 D6 E1 DC C5 09 FD 82 C7 81 D1
0C 56 86 C2 C6 A6 34 68 F6 D6 D2 CB 6E C8 87 8D
60 BD 11 0E 43

Status Word:
63 10
```

① 证书(certificate)。

— 证书标签(certificate tag)为 0x7F21。

— 证书长度(certificate length)为 0x81F1。证书长度的取值范围从“0x00”到“0x7F”,或者从“0x8180” 到“0x81FF”,或者从“0x820100” 到“0x82FFFF”。0x81F1 - 0x8180 = 0x71(113),表示后面跟着的证书数据体有 113 字节(包括下面 2 字节的证书标签和 2 字节的证书长度,109 + 4 = 113)。

— 证书标签(certificate tag)为 0x7F21。

— 证书长度(certificate length)为 0x81ED,0x81ED−0x8180 = 0x6D(109)。

② 证书序列号(certificate serial number)。

— 证书序列号的标签为 0x93,长度为 0x10,也就是证书序列号为 16 字节。

— 证书序列号为 0x0447475B793F80017033016208940554,这 16 字节的证书序列号其实就是不包含 8 个随机数的 SE 安全芯片的串号。

③ CA 标识符(CA identifier)。

— CA 标识符的标签为 0x42,CA 标识符长度为 0x07,也就是说,CA 标识符为 7 字节。

— 标识符为 0x63709301000017。

④ 主题标识符(subject identifier)。

— 主题标识符的标签为 0x5F20,主题标识符的长度为 0x01,也就是说,主题标识符为 1 字节。

— 主题标识符为 0x00。

⑤ 密钥用途(key usage)。

— 密钥用途的标签为 0x95,长度固定为 1 字节,0x82 表示数字签名验证(digital signature verification),0x88 表示加密用途(encipherment for confidentiality)。

— 上述示例为 0x88,意思为此证书密钥用于加密。

⑥ 生效期(effective date)。

— 生效期的标签为 0x5F25,长度固定为 4 字节,使用 BCD 编码规则,格式为年月日 YYYYMMDD。但是这个生效期数据域为一个可选项,上述示例中就没有这个数据体。

⑦ 截止期(expiration date)。

— 截止期的标签为 0x5F24,长度固定为 4 字节,使用 BCD 编码规则,格式为年月日 YYYYMMDD。此数据域为必选项,对应示例中的数据为 0x21150807,即为 2115 年 8 月 7 日。

⑧ CA 安全域映像号(CA security domain image number)。

— CA 安全域映像号的标签为 0x45,长度为 0x01,也就是说,CA 安全域映像号为 1 字节。

— CA 安全域映像号为 0x00。

⑨ 私有数据(discretionary data)。

— 为可选项,私有数据的标签为 0x53,长度从 1 到 127。示例中的私有数据为 0xBC877D5FC4C0B6E1。

⑩ 数字签名(signature)。

⑪ 公钥余量(public key modulus remainder)。

- 签名的标签为 0x5F37，具体数字签名的数据分析需要参考标准 ISO/IEC 9796－2:2002。
- 公钥余量的标签为 0x5F38，公钥模量左边的字节可以通过数字签名标签为 0x5F37 的进行恢复验证，公钥模量右边剩余的字节从公钥余量标签为 0x5F38 的进行恢复验证。

⑫ 状态字(status word)。

- 表示读取和返回证书的整个运行状态提示。示例返回的状态字为 0x6310，GP 规范中定义此状态字为还有更多的数据期待返回(more data available)，还可以使用命令继续读取。

上面介绍了 SE 安全芯片的全球唯一串号的生成和数据格式、CPLC 数据结构体以及与串号之间的关系、CASD 控制权限安全域的公钥证书格式，由此可知串号、CPLC 数据和公钥证书三者都是与 SE 安全芯片的全球唯一串号相关联在一起的，包括出厂时的 ISD 主控安全域的密钥或者 SSD 辅助安全域密钥的一机一密的生成和注入，都是以这个串号作为分散规则的第一因子。换句话说，不管安全框架如何设计、分散规则怎么变化、分散因子如何设计、主密钥如何管理等，想要做到一机一密，最终都是需要一个唯一标识来进行密钥检索的。

SE 安全芯片的唯一串号有可能是基于晶圆的 OCR 码技术，也有可能只是真随机数加每天生产芯片的序号，然后再包括厂家代码和时间信息等生成的。串号和 CPLC 都是明文信息，在任何的主机端与 SE 安全芯片未建立安全通道之前都可以共享这些数据。在 SE 安全芯片生产线上进行 ISD 主控安全域或者其他辅助安全域的密钥注入时，第一件事情就是提取这个串号或者 CPLC 数据体，然后灌入到加密机中，此时加密机中已经存储好了第二个分散因子，也称主控密钥(master key)，并且加密机已经设置好了约定的分散规则。当加密机接收到唯一串号和主控密钥后，就会通过相应的分散规则把 ISD 主控安全域或者其他辅助安全域的密钥进行分散并返回，在芯片生产的测试阶段就把各个安全域的密钥相应地进行注入。下面所示为 EMV CPS 和 VGP 规范定义的分散规则。

```
KMC Key Derivation Rule
EMV CPS [EMV Card Personalization Specification 1.1 - 4.1]

K_ENC := DES3(KMC)[Six least significant bytes of the KEYDATA || 'F0' || '01'] || DES3
(KMC)[ Six least significant bytes of the KEYDATA || '0F' || '01']
```

K_{MAC} : = DES3(KMC)[Six least significant bytes of the KEYDATA || 'F0' || '02']|| DES3 (KMC)[Six least significant bytes of the KEYDATA || '0F' || '02']

K_{DEK} : = DES3(KMC)[Six least significant bytes of the KEYDATA || 'F0' || '03']|| DES3 (KMC)[Six least significant bytes of the KEYDATA || '0F' || '03']

VGP Key Derivation Rule

VGP [Visa Global Platform 2.1.1 Card Production Guide v1.01]

K_{ENC} = DES3(MKISK)['IC Serial Number' || 'IC Batch Identifier' || 'F0' || '01'] || DES3(MKISK)['IC Serial Number' || 'IC Batch Identifier' || '0F' || '01']

K_{MAC} = DES3(MKISK)['IC Serial Number' || 'IC Batch Identifier' || 'F0' || '02'] || DES3(MKISK)['IC Serial Number' || 'IC Batch Identifier' || '0F' || '02']
K_{DEK} = DES3(MKISK)['IC Serial Number' || 'IC Batch Identifier' || 'F0' || '03'] || DES3(MKISK)['IC Serial Number' || 'IC Batch Identifier' || '0F' || '03']

实际上，SE 安全芯片的密钥分散规则还是沿用了金融智能卡领域的相关技术。如上面 EMV CPS 规范定义的在金融支付系统环境下，在使用主控密钥(KMC)做预个人化时，通过该 KMC 生成卡片级的 3 组密钥(K_{ENC}、K_{MAC}、K_{DEK})，最后将 3 组密钥写到卡片的相应安全域中去。其中，K_{ENC} 用来生成一个对话密钥 SKU_{ENC}，利用该对话密钥可生成密文，或者使用 CBC 模式加密相关的数据；K_{MAC} 用来生成一个对话密钥 SKUmac，利用该对话密钥可生成命令处理过程中所使用的 C-MAC；K_{DEK} 则用来生成一个对话密钥 SKUdek，利用该对话密钥可在 ECB 模式下加密 DES 密钥，或者加密其他数据。

对于 NFC 移动支付应用而言，分散的基本原理是一样的，只是在这个领域的大部分应用会参考上面介绍的 VGP 分散规范。与 EMV CPS 规范中定义的分散规则对比，它们之间的设计原理其实是一样的，主要区别有 3 点：第一，EMV CPS 规范示意的分散规则中指的主控密钥(KMC)，与 NFC 移动支付领域所指的主控密钥是同一个意思；第二，EMV CPS 规范示意的分散规则中指的 KEYDATA，与把串号域中的参数作为第二因子的原理是一样的，只是数据源不一样；第三，两者之间的分散规则算法有区别。

5.7　防物理克隆安全技术(PUF)

目前，在一个智能设备中使用了各种加密存储技术，例如加密文件系统、EMMC

(Embedded Multi Media Card)中的 SFS(Secure File System)和重放保护内存块(Replay Protected Memory Block,RPMR)技术等。在一个全智能系统中,一般重要的敏感数据会放置到云端的加密机(Hardware Security Module,HSM)中,例如使用 IBM 公司提供的 IBM 4758 硬件加密机,该产品以标准的 PUI 板卡形式提供 PCI 或者 PCIe 接口,该产品中的加密协处理器上实现了一个防篡改、可编程的加解密和存储的功能。

上面介绍的两种安全数据的储存方式,一种就在本地使用各种加密技术进行存储,另一种就是需要联网使用加密机技术进行存储。对于后者,由于实现了加解密协处理器,还有几十个各种类型的传感器用于防止内存和密钥受到来自硬件上的物理攻击,所以这个成本很高,不方便部署在一个不支持 PCI 或者 PCIe 的本地硬件环境中,如果部署在云端上,则还有一个网络连接的问题;对于前者,就是不管使用何种加密技术,最终都是要存储到某一个物理媒介的。也就是说,密钥始终存储在物理内存中的某一个地方。可以想象一下,直接从硬件系统中把敏感数据或者密钥倒出难度是比较大的,但是如果换一个思路,不从硬件中倒出密钥数据,而是直接把整个芯片的硬件拷贝或者克隆到另外一个芯片中又会发生什么呢?

现成的技术,以一种抵抗物理攻击的方式,在设备中存储并保护好敏感数字信息与密钥是挺困难的,成本也是昂贵的。在这样的背景下,大家也在探寻一种新的技术实现和解决方案,要解决的最主要的问题就是如何防止硬件克隆等,其中,PUF 防物理克隆技术(physical unclonable function,有时也会称为物理随机性 physical random function)就是针对这个问题最先使用到商用产品中的一种技术。它实际上是一种"数字指纹",可作为任何微处理器等半导体产品的唯一标识。下面先看一下这项技术的发展历史:

- 关于利用无序系统的物理属性进行身份验证的文献,最早可以追溯到 1983 年鲍德(D. W. Bauder)在美国桑迪亚国家实验室(Sandia National Laboratories)发表的一篇《货币系统的防伪概念》研究报告。
- 1984 年,在西蒙斯(G. Simmons)的《密码学》,第 8 卷,第 2 期中的《在 POS 机验证使用者身分与授权的系统》中有所提及。该作者在 1991 年的 IEEE 国际卡纳汉安全技术会议中发布的主题为《数据、设备、文件和个人的识别》文章中也有相关描述。
- 戴维 · 纳卡什(David Naccache) 和 帕特里斯(Patrice Frémanteau)在 1992

年8月发表的《不可伪造的识别设备》《读卡器和识别方法》的文章中，称为内存卡提供了一种安全认证方案。》

- 术语 POWF（Physical One-Way Function）和 PUF（Physical Unclonable Function）分别是在2001年和2002年提出的。POWF第一次出现在由 Pappu Ravikanth、Recht Ben、Taylor Jason 和 Gershenfeld Neil 在《科学》杂志上发表的 *physical one-way function* 文章中；PUF的第一次正式出现是在2002年11月，以布莱斯·加森德为代表的团队（Blaise Gassend、Dwaine Clarke、Marten van Dijk 和 Srinivas Devadas）在计算机与通信安全会议论文集中发表的《硅的物理随机性》的文章中，该文章还描述了第一个集成PUF技术的半导体，该产品的测量电路和PUF集成在同一个电路上。
- 从2010年到2013年期间，PUF技术作为一种提供"芯片指纹"的方式在智能卡市场获得了巨大的关注，并且该项技术发展得非常迅速，它创造出了个人智能卡独有的加密密钥。期间，恩智浦公司和IP提供商 intrinsic-id 共同宣布了一项合作协议，在恩智浦公司最新的 SmartMX2 的升级产品 P60SU 安全芯片中，授权和部署基于PUF硬件本质安全（Hardware Intrinsic Security，HIS）的技术解决方案，后来除SE安全芯片外，恩智浦公司在其推出的处理器芯片系列中的RAM技术也慢慢开始支持PUF的功能，例如LPC5x系列核 i.MX－RT600 系列。
- 现在PUF技术已经在各大半导体公司的产品中慢慢普及，逐渐成为IP核和验证平台的基本可选配技术。例如，该技术现在已经成为商用可编程门阵列（Field Programmable Gate Array，FPGA）中密钥存储的安全替代品，比如 Xilinx 公司的 Zynq Ultrascale＋＋产品和 Intel 公司的 Stratix 10 系列，还有ARM公司的SC安全系列内核等，也在推广将PUF技术应用到密钥产生和SRAM存储技术中去。
- 当前，PUF的核心技术和IP掌握在ICTK、Intrinsic ID、Invia、QuantumTrace 和 Verayo 等公司手里。除了上面介绍的公司的产品使用PUF技术外，使用该技术的还有 Microsemi 公司的 SmartFusion 2 产品、InsideSecure 公司的 MicroXsafe 产品、Redpine Signals 公司的 WyzBee 产品等。
- 并非所有提出的PUF技术都是不可克隆的，有许多支持PUF的产品在实验室环境中都被成功攻击过。2013年6月，柏林理工学院的一个研究小组利用大学故障分析实验室里现成的工具，在 20 小时内克隆出了一台 SRAM PUF，成功读取和克隆了单片机中的静态 RAM 单元。所以，现在 PUF 这项技术并不是完全无懈可击的，其本身仍在发展和迭代中。

PUF 技术依赖于其物理微观结构的独特性，这种微观结构取决于制造过程中引入的随机物理因素，这些因素是不可预测和无法控制的，所以几乎不可能复制或克隆结构。PUF 技术不包含单个加密密钥，而是通过实现查询和响应的框架来评估和验证该微观结构。当外部的刺激源给到芯片的物理结构时，由于不同的刺激源与芯片的物理微观结构的交互作用非常复杂，所以它会以一种不可预知的，但可重复的方式作出反应。这种精确的微观结构取决于制造过程中引入的不可预测的物理因素，其中，外部的刺激源称为查询字(challenge)，PUF 的反应称为响应字(response)。

一个特定的查询字与其对应的响应字一起构成了一个查询-响应对(Challenge - Response Authentication，CRP)。芯片的特性是由其微观结构本身的特性决定的，由于这种结构并不是由查询-响应机制直接显示出来的，因此这种设计能够抵抗欺骗性的攻击。当使用模糊提取器或密钥提取器时，PUF 技术可以从芯片物理微观结构中提取唯一的强加密密钥，但是每次计算 PUF 时都需要重构相同的唯一键，然后使用密码学来实现该 PUF 技术的查询-响应机制。

PUF 技术可以通过非常低的硬件成本来实现，不需要像 ROM 那样包含对所有可能发起查询字的响应表，但这也要求芯片硬件在查询字的数量上呈指数增长，所以 PUF 技术可以在硬件中按照查询字和响应字的数量来构造。

不可克隆性意味着每个支持 PUF 技术的芯片，都有一种查询映射到响应的独特性且不可预测的方式，即使类似的芯片使用相同的流程进行生产，由于对生产过程不能进行精确控制，因此构建一个具有与另一个给定 PUF 相同的查询-响应行为是不可行的。从数学理论上讲，这是不具备可克隆性的，也就意味着，在给定其查询-响应对或者 PUF 中随机组件的某些属性的情况下，也很难计算出响应。这是因为响应是由查询字与许多随机组件的复杂交互创建的，换句话说，即使给定 PUF 系统的设计，在不知道随机分量的所有物理性质的情况下，查询-响应对是高度不可预测的。PUF 技术相当于把物理和数学的不可克隆性结合在一起，使 PUF 技术真正做到不可克隆。

PUF 技术是一种物理实体，它在半导体的物理结构中实现，易于评价，但难于预测，甚至对于具有芯片物理访问权的攻击者来说也是不可预测的。所有 PUF 技术的响应字都会受到温度、供电电压、电磁干扰等环境变化的影响，并且这些特性也都会影响到 PUF 的性能。实际上，PUF 技术的真正优势不是它的随机特性，而是它能够做到在不同的芯片之间，PUF 响应字完全不同，但在同一个芯片之间，即使在不同的环境条件下，它的 PUF 响应字也是相同的。正是由于该技术的这些特性，PUF 技术可以作为唯一的、不可篡改的设备标识符使用。这样的特性非常像人类的生物特征值，像指纹一样，因此也被称为半导体的指纹。另外，PUF 技术还可以用于安全密钥的生成或者真随机源。

与利用芯片内在电气设计的随机性相比，使用光学和制造镀膜的 PUF 技术的查询字具有更强的能力，它用于区分不同的安全芯片，并且具有最小的环境变化。由于使用了不同刺激源的基本原理，光学和制造镀膜的 PUF 技术能够直接进行控制和优化参数。与明确使用引入的外部随机性刺激源不同的是，直接使用芯片本身的一些特性设计，例如电气信号延时、射频差异和磁信号等，因为它们已经包含在芯片设计中，并且无需修改制造和生产过程。下面为具体的 PUF 技术的两种刺激来源的类型。

1. PUF 使用外部明确的随机参数

(1) 光学 PUF 技术(Optical PUF)

- 光学 PUF 技术也被称为 POWF(Physical One-Way Function)技术，它由一种掺杂光散射粒子的透明材料构成，当激光束照射到这种材料上时，会产生随机而独特的散斑图案。由于光散射粒子的投射区域是一个不受控制的过程，激光与粒子的相互作用非常复杂，光学 PUF 很难复制并产生同样的散斑图案，因此可以认为此项技术是不可克隆的。

(2) 涂层 PUF 技术(Coating PUF)

- 在集成电路的顶层可以构建一个基于涂层 PUF 的技术。在一个普通的集成电路上会有一个梳状的金属线网络，梳状结构之间和上面的空间充满不透明材料，并随机掺杂介电粒子，由于粒子的随机放置、不同的大小和介电强度，使得每一对金属线之间的电容在一定程度上都是随机的，这种独特的随机性可用于获得携带涂层 PUF 技术的芯片的唯一标识符。
- 此外，可以将这种不透明的 PUF 技术放置在集成电路的顶层，用于保护底层电路不受攻击者的检查。例如，当攻击者想进行反向工程时，在攻击者试图移除全部或者部分涂层时，电线之间的电容值就一定会被改变，原来唯一的标识符就会被破坏。

- 当前研究机构在研究 RFID 产品的防伪技术时，有一个方向就是通过这个涂层 PUF 技术设计一个不可克隆的射频识别标签。

2. PUF 使用内在芯片的随机参数

(1) 延迟 PUF 技术(Delay PUF)

- 基于延迟循环的 PUF 技术，即一种带逻辑的环形振荡器。当前应用比较广泛的为基于多路复用器的 PUF 延迟技术。
- 由于制程工艺的变化，所以没有两个积分电路是相同的。在不同的 FPGA 上放置相同布局电路的实验表明，不同芯片之间的路径延迟差异很大，所以可以根据不同芯片之间的时间差来识别芯片。图 5.6 所示为延迟 PUF 技术设计示例。

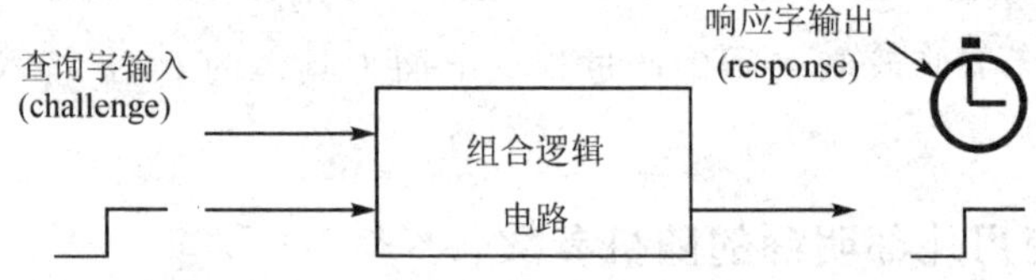

图 5.6 延迟 PUF 技术设计示例

- 延迟 PUF 技术利用硅上导线和栅极延迟的随机变化，给定一个输入查询字，在电路中设置一个竞态条件，比较沿着不同路径传播的两个跃迁，看哪个先出现。仲裁程序通常会设计成一个锁存器，产生 1 或 0，在仲裁时取决于哪个 1 或 0 的转换最先出现。在许多的芯片电路中实现延迟的 PUF 技术是可能的，当在不同的芯片上制作具有相同布局掩码的电路时，由于延迟的随机变化，电路实现的逻辑功能对每个芯片也会有所不同。这种类型的 PUF 设计，对于外部的非侵入式被攻击仍然是可能的。另外，还需要说明的是，电路走线的延迟不是一个数量的概念，而是输入的查询字和相邻走线电压的函数。图 5.7 所示为通过仲裁器的延时 PUF 设计示例。

(2) SRAM PUF 技术(SRAM PUF)

- 这些 PUF 技术存在于所有带 SRAM 内存的集成电路中，其中，一些研究论文探讨了基于 SRAM 的 PUF 技术，主题包括行为、实现或用于防伪目的的应用。另外，还有一些不以数字形式存储密钥但需要实现安全密钥存储的

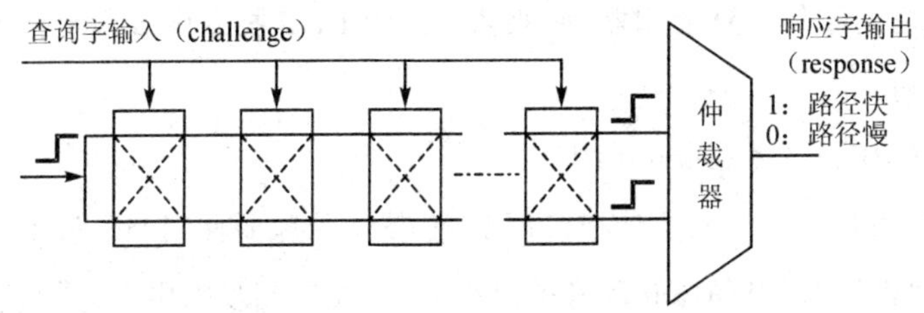

图5.7 通过仲裁器的延时PUF设计示例

需求。

- 一个典型的应用场景就是RFID标签，它相对来说是很容易被克隆的。但是，当配备SRAM的PUF技术时，在合理的时间范围内想要克隆一个芯片就会变得非常困难。
- 此外，在21世纪的头十几年，有一些已经发布的基于SRAM的芯片电路，大部分都是基于SRAM的"芯片识别"安全系统，当初并不是指PUF技术这一术语，而是后来逐渐被各个研究团体和行业所接受，用其来描述SRAM PUF技术领域。

(3) 射频PUF技术(RF PUF，或RF DNA)

- 现代通信电路中的数字调制数据受到特定于设备的独特模拟和射频损伤，如频率误差、偏移和在发射机中的I-Q不平衡，而射频PUF技术就是为了拒绝这些非理想性的接收端并进行信号补偿。射频PUF技术利用这些现有的非理想特性来区分发射实例，并且在发射机上不使用任何额外的硬件。其可以作为独立的物理层安全特性使用，或者与网络层、传输层和应用层安全特性一起进行多因素的身份验证，从而起到物理防克隆的功能。

(4) 蝶形PUF技术(Butterfly PUF)

- 蝶形PUF技术基于两个触发器与锁存器的交叉耦合。该PUF技术中使用的机制与SRAM PUF背后的机制类似，但它可以在任何SRAM的FPGA上实现。

(5) 双稳态环PUF技术(Bistable Ring PUF，BR PUF)

- 双稳态环PUF技术是由德国慕尼黑科技大学的Qingqing Chen等人，在2011年的IEEE面向硬件安全与信任国际研讨会上发布的。该技术的设计思想是：基于一个偶数逆变器环的两种可能的状态，通过复制逆变器在其各阶段之间添加多路复用器，使双稳态环的 PUF 技术生成大量指数级的查询-响应对。

(6) 数字 PUF 技术(Digital PUF)

- 数字 PUF 技术克服了传统模拟 PUF 技术的脆弱性问题。模拟 PUF 技术芯片的“指纹”来自晶体管固有的过程变化，在光刻步骤中引起的超大规模集成电路互连时，从其几何随机性中提取出数字电路的 PUF“指纹”，但是有些情况下，例如短路、晶体管的浮栅电压等，这种互连不确定性与 CMOS 超大规模集成电路是不兼容的，对于这个问题，数字 PUF 技术给出的解决方案是使用强偏斜锁存，以确保每个 CMOS 晶体管的稳定工作状态，从而确保电路本身不受环境和运行变化的影响。

(7) 磁性 PUF 技术(Magnetic PUF)

磁条卡产品上存在磁性 PUF 的“指纹”，应用于卡片磁性介质的物理结构是通过在制造过程中，将数十亿钡铁氧体颗粒混合在浆液中制成的。颗粒有许多不同的形状和大小，该浆液被应用到受体层时，这些颗粒以一种随机的方式着陆，就像把一把湿磁性沙子倒在载体上一样。由于颗粒载入过程的不精确性、颗粒的数量不定以及颗粒形状和大小的随机性，将沙子以完全相同的模式再次倾倒在地面上是不可能的。

在磁条卡产品的制造过程中所引入的随机性是无法控制的，这也是一个使用固有随机性的 PUF 的经典案例。当浆液干燥时，受体层被切成条状，涂在塑料卡片上，但磁条上的随机图案仍然存在，且无法改变。由于它们在物理上不能做到两张磁条卡完全相同，所以使用标准尺寸的任何两张卡拥有精确匹配的磁性 PUF 的概率计算为 9 亿分之一。此外，由于此 PUF 技术是基于磁性的，所以每张卡都将携带一个独特的、可重复的和可读的磁性信号。下面从磁卡和磁头的随机性上来介绍其原理和用途。

- 磁卡个人化(personalizing the magnetic PUF)。存储在磁条上的个人数据具有另一层面的随机性。当卡内载有个人识别资料信息时，两张磁条编码卡片内拥有相同磁性签名的概率约为 100 亿分之一，编码后的数据可以作为标记来定位 PUF 的重要元素，这种签名可以数字化，通常称为“磁性指纹”。
- 磁性反应(stimulating the magnetic PUF)。当磁头在读取卡片时，其实对 PUF 起到一个刺激作用，放大了随机磁信号。由于磁头与磁卡之间的相互作用复杂,受速度、压力、方向和加速度的影响,每一击都会产生一个随机但非常独特的信号,利用它们作为PUF的一个随机分量,可以把它想象成一首有成千上万个音符的歌。同样的音符在一张卡片上以相同的模式反复出现的概率是1亿分之一,但总的来说,旋律仍然很容易进行辨认。

- 磁卡安全用途(uses for a magnetic PUF)。由于磁卡PUF的随机行为与磁头的刺激源一致,所以可以使磁条卡成为动态令牌身份验证、取证识别、密钥生成、一次性密码和数字签名的工具。

(8) 金属电阻PUF技术(metal resistance PUF)

基于金属电阻的PUF技术,从定义的电网格和集成电路互连的金属触点、孔和导线的随机物理变化中获得熵,并利用集成电路金属资源中的随机电阻变化提取PUF随机分量。基于金属电阻的PUF技术有以下几个重要的优点:

- 温度和电压稳定性。温度和电压的变化为PUF技术应用中最主要的查询字之一。不同于晶体管,金属电阻随温度线性变化但与电压无关,并且这些应用需要每次重新生成完全相同位的加密串,而基于金属电阻的PUF技术对环境条件的变化具有很高的鲁棒性。
- 无处不在。金属是目前芯片上唯一分层的导电材料,有效地实现了高密度、非常紧凑的PUF熵源。当下,先进的半导体制程工艺在晶体管的(x,y)平面上能形成11层或更多的金属层。
- 可靠性。金属的磨损机制是电迁移,就像电视的变化一样,随着时间的推移会对PUF复制相同位串的能力产生不利影响,然而电迁移过程是可以完全避免与适当的金属线和孔的接触的,对比晶体管的可靠性问题,如负偏压温度不稳定性(Negative-Bias Temperature INstability,NBTI)和热载流子注入(Hot Carrier Injection,HCI)效应等,更难以缓解。
- 弹性。根据最近的报告显示,基于晶体管的PUF技术,特别是SRAM PUF技术会受到克隆的影响,但金属电阻PUF技术不会受这些类型的克隆攻击,因为克隆中的"修剪"电线作为匹配电阻的一种方法具有很高的复杂性。此外,还可以在较厚的上层金属层中添加一个或多个屏蔽层,通过提取该层的金属电阻参数来实现PUF技术。所以,当黑客针对这种PUF技术做正面探测攻击时,是极其困难或者是不可能的。

(9) 量子约束 PUF 技术(quantum confinement PUF)

- 当系统的尺寸减小到低于物质波长(matter wave),或者称为德布罗意波长(De Broglie wavelength)时,量子限制的影响就变得极为重要了。量子约束PUF 技术的内在随机性来源于原子层面上的组成和结构不均匀性,物理特性依赖于量子力学在这个尺度上的影响,而量子力学是由随机原子结构决定的,克隆这种结构实际上是不可能的,因为它涉及大量的原子,而原子水平上具有过程不可控制和当前无法可靠地操纵原子的性质。
- 研究表明,量子约束效应可用于谐振隧穿二极管器件,构建 PUF 的随机量。这些器件可以在标准半导体制造工艺中生产,并促进许多设备进行并行大规模生产。这种类型的 PUF 技术需要原子级的工程来克隆,是目前已知的最小的、最高位密度的 PUF 技术。此外,这种类型的 PUF 技术可以通过故意使器件偏压过大来引起原子的局部重排,从而有效地进行复位。
- 由晶体生长或制造过程中产生的缺陷导致的二维材料带隙的空间变化,可以通过光致发光(photoluminescence)测量进行表征;并且由研究表明,角度可调的透射滤波器、简单的光学器件和 CCD 摄像机可以捕捉空间相关的光致发光,从而从二维单层膜中生成独特信息的复杂随机分量。

上面介绍了相关 PUF 技术的类型和基本的设计原理,由此可知,PUF 技术除了可以做 SE 安全芯片的一个唯一特征值外,还可以用于不可克隆密钥的加解密。大致的实现过程为:在最开始进行 SE 安全芯片的 PUF 查询-响应对测试时,把其查询-响应对一一存入数据库中,当该 SE 安全芯片生产完成并销售到其他地方,认为运输后的芯片有安全风险或隐患时,可以从数据库中取出该芯片的查询字,并对该芯片发起查询;芯片收到查询字后返回响应字,然后与之前存储在数据库中的查询-响应对进行数据比较,如果 PUF 的查询-响应对数据完全相同,则可以认为该 SE 安全芯片的运输过程没有问题,反之亦然。图 5.8 所示为基于 PUF 技术的芯片运输安全验证。

在 SE 安全芯片出厂时,通过 PUF 的查询-响应对生成一组非对称密钥,私钥存在 SE 安全芯片本地,公钥则发布出去,或者等待客户端申请。这样,当客户端想与安全芯片之间共享一个敏感数据时,由于客户端知道与存储的私钥对应的公钥,所以可以通过公钥来加密要发送的数据,加密后的数据只有利用该安全芯片的私钥才能进行解密,并且此过程中的非对称密钥组必须支持应对一个或多个查询字信息。

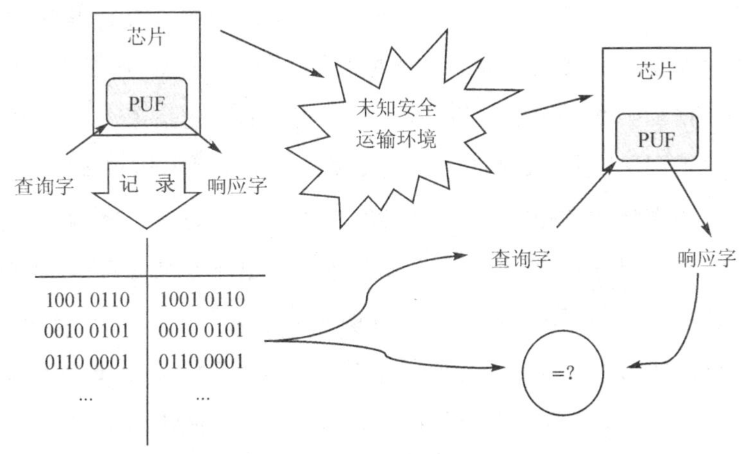

图5.8 基于PUF技术的芯片运输安全验证

当前市面上的SE安全芯片的验证方式主要有两种:第一,对称加密方式,指的是加密和解密使用同一个密钥,常见的对称加密算法有DES、AES、3DES等。例如,当用户A想加密一个文件送给用户B时,用户A使用WINRAR压缩工具包软件,把文件压缩并设置一个打开访问的密码,之后把压缩和加密过的文件传给用户B,另外,再通过电话或者其他方式通知用户B,解压和访问这个文件的密码,这整个的共享工程就可以认为是一个基本的对称加密方式。第二,非对称加密方式,指的是加密和解密使用不同的密钥,一把作为公开的公钥,另一把作为私钥,公钥加密的信息只有私钥才能解密,私钥加密的信息只有公钥才能解密,常见的非对称加密算法有RSA和ECC。一般实际工作中想要做敏感数据传输时,例如传输密钥、密码和证书等,大家会先使用OpenPGP(GPG4WIN Kleopatra)工具在自己的计算机上生成公私钥对,然后把公钥给对方,当对方想要给自己传送加密数据时,对方就会先使用之前共享的公钥证书对数据进行加密,这个全过程可以理解为非对称加密。

非对称加密算法使用两把完全不同但又完全匹配的钥匙对——公钥和私钥。在使用非对称加密算法加密文件时,只有使用匹配的一对公钥和私钥,才能完成对明文的加密和解密。加密明文时采用公钥加密,解密密文时使用私钥才能完成,加密方知道收信方的公钥,但是只有解密方才知道私钥。换句话说,如果解密方想发送加密信息给加密方,推荐的方式是,双方在开始之前就把彼此的公钥给对方,当双方想要发送加密数据给对方时,就使用对方的公钥加密数据,然后对方使用其对应的私钥进行相应解密。

对称加密算法相对于非对称加密算法，其加解密的效率要高得多，但缺陷是对密钥的管理存在很大的安全风险。也就是说，一旦密钥泄露，那么之前所有使用该密钥加密的数据都会受到影响。另外，这种方式在非安全信道中通信时，密钥交换的安全性是得不到保障的，极易遭到泄露和攻击。而非对称加密算法除在加解密的效率上有一定的劣势外，在其安全体系和密钥管理方面却有极其耀眼的亮点，加上现在的硬件发展飞速，加密算法运行所用的硬件早已不是瓶颈问题。但是，在现在的 SE 安全芯片的数据应用通信中，在实际的网络环境中，大部分会将非对称加密算法和对称加密算法两者混合在一起使用。下面为一个典型的 PUF 技术流程。

① SE 安全芯片生产过程中提取其 PUF 的查询-响应对。

② 服务器端把在生产线上提取出来的每一个芯片的 PUF 的查询-响应对作为输入参数，计算出一对公钥和私钥，然后将私钥保存在本地对应的 SE 芯片中，把对应的公钥和对应的 PUF 查询字公布出去。

③ 当 SE 安全芯片需要开始激活使用时，客户端将发送对应某个 SE 安全芯片的 PUF 查询字信息，通过服务器端请求拿到对应的公钥。

④ 客户端通过 DES、AES 或者 3DES 计算出一个对称加密的密钥“@x#s￥p$h_inx_0401”，然后使用步骤③收到的公钥对“@x#s￥p$h_inx_0401”进行加密。

⑤ 客户端将加密后的密文发送给 SE 安全芯片，芯片收到信息后通过其之前存储好的私钥进行解密，获得“@x#s￥p$h_inx_0401”。

⑥ 客户端和 SE 安全芯片之间的通信内容，就通过对称密钥“@x#s￥p$h_inx_0401”利用对称加密算法进行运算。

在步骤⑥中对其内容传输时，为什么不继续同时使用非对称加密算法和对称加密算法？主要有两个原因：第一，效率问题。如果将一个数据量较大的文件进行安全传输，每个包都在客户端和 SE 安全芯片端使用两次加解密运算，那么在效率上是会大打折扣的。第二，上面的过程实际上是通过非对称加密算法使客户端和 SE 安全芯片端之间建立一个安全通道，并且把一组接下来基于对称算法的对话密钥传给对方，这样在一组正常不间断的会话传输过程中，会一直使用这个对话密钥进行加解密。如果一直继续重复同时使用公私钥对来加对话密钥的话，那么对密钥安全风险防护来说，其实是增加了公私钥对暴露的机会，这样既不安全也没有实际意义。

5.8　粘合逻辑技术

粘合逻辑技术(glue logic)的概念最早是在 20 世纪 80 年代提出来的,并被大量使用在逻辑电路门电路中,例如美国德州仪器(Texas Instruments,TI)公司生产制造的 SN74××系列。另外,就是在早期的 FPGA 设计中,不同器件之间的接口也是通过这种粘合逻辑技术相连的。最早期的粘合逻辑技术用于逻辑电平转换,例如在 CMOS、TTL、ETL、LV、BTL、GTL 之间的各种电平转换适配。

粘合逻辑技术是由一些非规则的逻辑连接组成的,通常是一组在静态决策中异步工作的门电路,像存储单元这样的常规逻辑不叫粘合逻辑。粘合逻辑技术由构成逻辑决策的简单门组成,有时这些粘合逻辑也可以用于 RS 触发器(RS flip flops,rs-ffs)或 D 类触发器(D-type flip flops,dffs)。图 5.9 所示为基于 D 类触发器的粘合逻辑门电路,换句话说,粘合逻辑技术是指用于连接和粘合接口更大的逻辑块、硬件语言代码或组件,但是它们都是逻辑规模相对较小的简单逻辑。

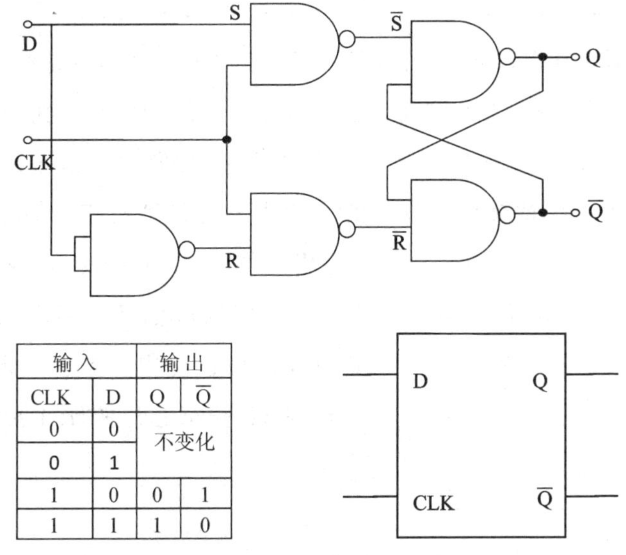

输入		输出	
CLK	D	Q	$\overline{Q}$
0	0	不变化	
0	1		
1	0	0	1
1	1	1	0

图 5.9　基于 D 类触发器的粘合逻辑门电路

这种粘合逻辑技术是在 CPLD、FPGA 或 Gate 数组中实现的,早期有大约 1 000 个逻辑门的才被称为“粘合逻辑”。粘合逻辑技术通常支持具有一些高级附加功能的设计,例如数据传输、缓冲、读取传感器等更高集成度的芯片。粘合逻辑是一种特殊形式的数字电路，它允许不同类型的逻辑芯片或电路作为它们之间的接口一起工作。一般情况下，建议尽量避免粘接逻辑设计，因为这可能会在芯片设计流程后期造成问题以及增加设计的复杂性。通常情况下，可以通过合并到另一个模块来最小化这种逻辑设计。

例如，考虑一个包含中央处理器和随机存取存储器的芯片，它们之间的电路可以在芯片内部使用粘合逻辑技术进行连接，这样它们就可以顺利地在一起工作了；在印刷电路板上，粘合逻辑可以采用分立集成电路的形式封装在自己的封装中；在更复杂的情况下，可以使用可编程逻辑器件嵌入到中间以起到粘合逻辑的作用。粘合逻辑电路除了包括芯片内部各个模块相连的功能之外，还包括在中央处理器与内存之间插入粘合逻辑电路用于地址转码的功能，还可以粘合外围设备、例如静电保护电路、防电磁浪涌电路和防黑客攻击的隐藏电路等。

粘合逻辑技术的设计中心思想是将用于连接复杂逻辑电路的简单逻辑电路粘合在一起。这里以一个专用集成电路（Application Specific Integrated Circuit，ASIC）芯片为例，其包含几大核心模块，如主处理器、安全协处理器、内存、外部接口通信模块，它们之间通过少量的粘合逻辑连接在一起，这样即使 SE 安全芯片被黑客拿到了，并进行刨片分析和反向工程，但由于在各个模块接口处都有粘合逻辑设计，使各个接口的走线呈现为絮乱状态，就像“胶水”一样，因此想要找到实际的信号线或者正确的测试点是极其困难的，这实际上也提高了硬件被攻击和破解的安全防护等级。但是，这种类似粘合逻辑技术的芯片主要还是针对相对简单的电路设计，简单的只包含几个门电路，例如可编程逻辑设备（Programable Logic Device，PLD）、标准单元或者离散逻辑芯片等。另外一个应用领域就是本书讲到的 SE 安全芯片，一些公司的安全产品在内部接口和总线部分也使用了粘合逻辑技术，对其信号总线进行物理加扰和逻辑转换，从而提高 SE 安全芯片的硬件安全设计和被攻击的防护等级。

5.9 硬件防篡改保护技术

本书在开篇时提到使用 ARM 的 SC300 作为 SE 安全芯片的 CPU 核，其中，这个 SC300 就具备硬件防篡改（Anti-tamper，AT）保护功能。如 IBM 4758 硬件加密机中所述，通过侵入性物理攻击来防止密钥提取的最先进的方法是将密钥封装在一个防篡改感知包中，这种类型的保护提供了高级别的安全性。目前，类似这种防硬件篡改的设计的产品主要应用在一些高端奢侈品或防假冒品上。

硬件防篡改保护的设计开始时应用于RFID防伪领域中，例如在一瓶高端酒的瓶盖上贴一个带有伸长"尾巴"的标签，该标签实际上就是RFID芯片中的一个专门用于防篡改环路天线的设计，而且这个RFID芯片支持硬件防篡改保护的功能。这个专门用于检测防篡改的"尾巴"天线就横跨在瓶盖上，当瓶盖开启时，这个"尾巴"天线就会被破坏，其对应芯片里的记录在上电后就会永久地被修改，从而通过读取该标志信息来确定此瓶高端酒是否被开启或者篡改过，这也是一个标准的应用示例。

本节以恩智浦公司的支持硬件防篡改保护的处理器Kinetis K6x或者K8x(基于ARM Cortex-M4核)为例来介绍该处理器硬件防篡改保护的基本原理即：它的硬件防篡改保护模块可以输出多达两个独特的主动防篡改信号，每个主动防篡改输出引脚都输出一个随机值，该值可以每秒(1 Hz)更改一次；对于每个主动防篡改输出引脚，至少有一个相对应的主动防篡改输入引脚，输入引脚用于回收和检验相关联的有源篡改输出信号，输入和输出之间允许一些传输延迟，所以在该芯片中也可以使用故障滤波器对一些参数进行配置。

对于处理器Kinetis K8x中的硬件防篡改保护设计，与其相关联的模块与安全存储量会因器件的差异而有所不同，但现在都可以在硬件防篡改保护发生变化时，主动对下面的信息进行保护：

- 硬件防篡改保护模块中的32字节的安全密钥在篡改时会被立刻擦除，前提是该硬件设备处于有电源的工作环境下。
- 28字节的VBAT寄存器文件可通过设置DRY_CR[SRF]寄存器来选择其被篡改时进行主动擦除，当然这个内存擦除动作也需要有正常的工作电压支持。
- 对于2K字节的安全会话RAM区域，一旦发现硬件被篡改，或者系统重置，都会被处理器主动删除。

一般在设计硬件防篡改保护模块时，首先通过线性反馈移位寄存器(Linear Feedback Shift Register，LFSR)对主动防篡改输入引脚发出信号，主动防篡改输入和输出引脚之间可以设计一个环路，加入硬件开关来处理和使能硬件防篡改保护模块；然后信息通过主动防篡改输入引脚返回到内部的比较器中，与外部实际的物理硬件防篡改线进行信号参考比较,一旦发现外部实际的物理硬件防篡改线有被移动或者修改的行为,处理器就会自动执行上述信息保护处理流程。图 5.10 所示为微处理器中的硬件防篡改保护设计参考。

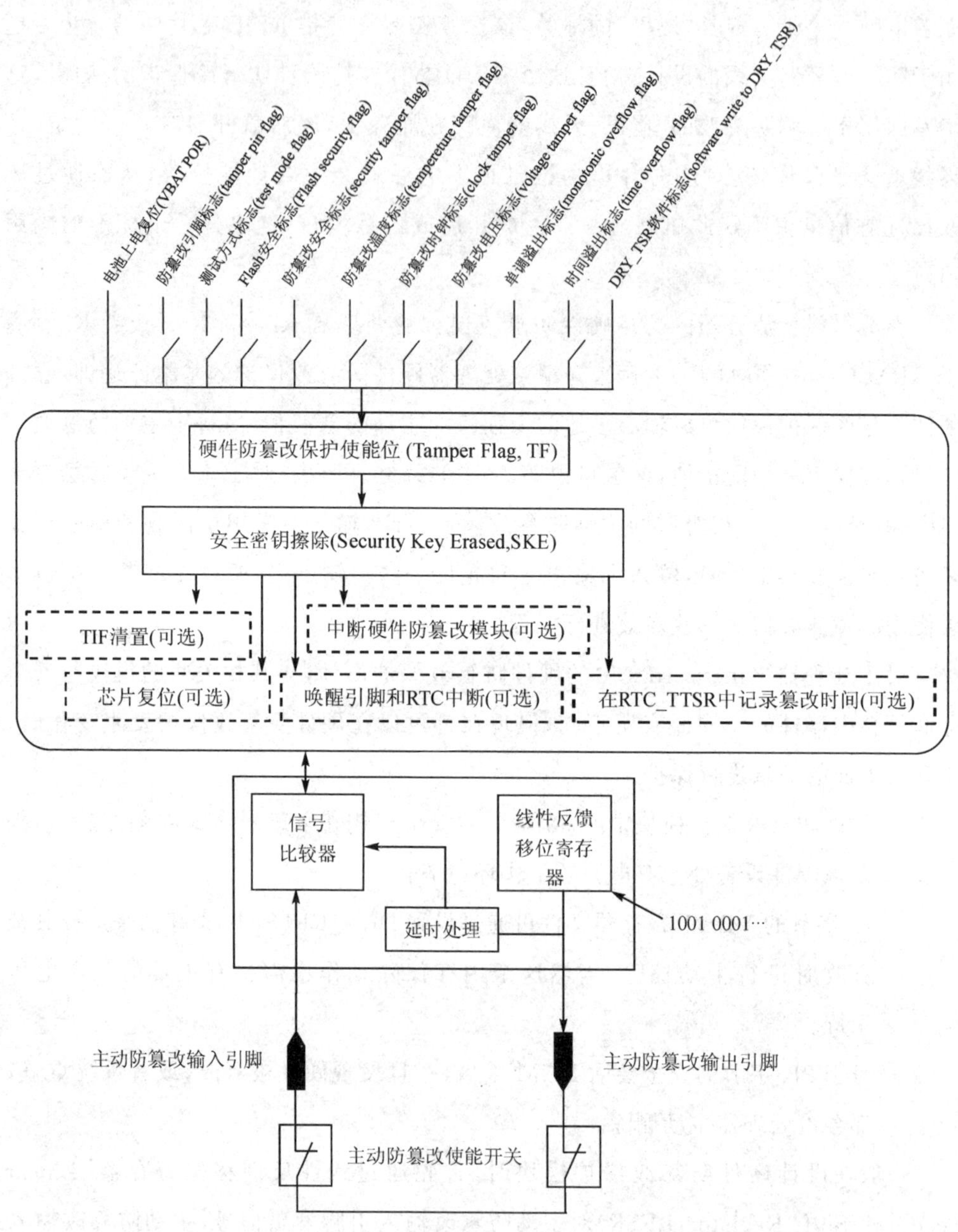

图 5.10 微处理器中的硬件防篡改保护设计参考

处理器 Kinetis K8x 中的硬件防篡改保护设计支持静态和动态地进行篡改选项配置。设想当攻击者打开硬件电路后，尝试嗅探和截获一些关键信息线，如图 5.11 所示。

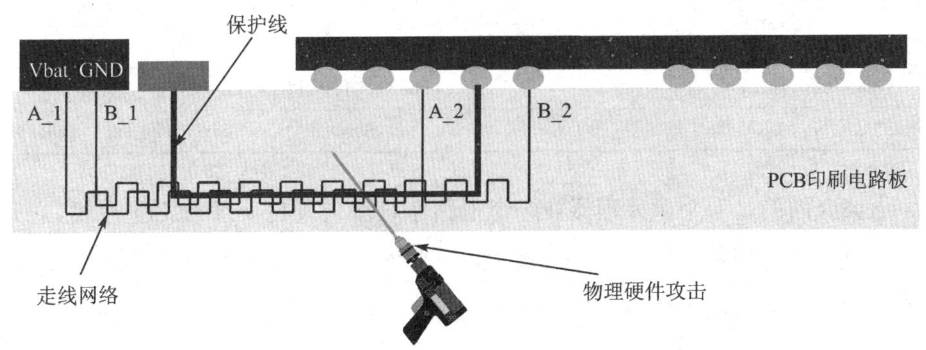

图 5.11　在硬件电路板上进行信号的嗅探和关键信号的截获

在图 5.11 所示的信号嗅探和关键信号截获的场景下，假如攻击者正在窥探的保护线为 Flash 内存总线，且在处理器的硬件防篡改保护设置中已经使能了对这组总线的保护，那么保护线在加入探测馈点或者设备后，它与之前信号负载比较的参数是一定会发生变化的。另外，由于进行物理硬件的嗅探和关键信号的截获极有可能伤到其他的走线网络，例如图 5.11 中的电源和地的布线，那么当 A_1 与 A_2 在断开连接的情况下，或者 B_1 与 B_2 在断开连接的情况下，亦或者 A 和 B 线路短路时，硬件防篡改保护设计模块将会检测防篡改比较电路，一旦发现有异常情况就会立刻启动关键保护区域的擦除动作。硬件防篡改保护设计源参考如表 5.10 所列。

表 5.10　硬件防篡改保护设计源参考

设计源	对应英文注释
外部信号(external signal)	
触发电池上电复位	(VBAT Power-On Reset, VBAT POR)
触发硬件引脚复位	(Tamper Pin 1 – 8 Flag, TPFx)
内部信号(internal signal)	
触发测试模式寄存器标志	(Test Mode Flag, TMF)
触发 Flash 安全寄存器标志	(Flash Security Flag, FSF)
触发安全防篡改寄存器标志	(Security Tamper Flag, STF)
触发温度防篡改寄存器标志	(Temperature Tamper Flag, TTF)

续表 5.10

设计源	对应英文注释
触发时钟防篡改寄存器标志	(Clock Tamper Flag,CTF)
触发电压防篡改寄存器标志	(Voltage Tamper Flag,VTF)
触发线性溢出寄存器标志	(Monotonic Overflow Flag,MOF)
触发定时器溢出寄存器标志	(Time Overflow Flag,TOF)
软件初始化写入 DRY_TSR 寄存器	(no flag,Software-Initiated Write to DRY_TSR)

上面介绍的是一个微处理器在一个电路系统中的硬件防篡改保护应用,它是一个有源且主动的硬件防篡改保护应用,接下来再介绍一种无源的硬件防篡改保护,这里以恩智浦公司的 NFC 标签芯片 NTAG 213TT 为例。该芯片支持的工作频率为 13.56 MHz,内存一共为 180 字节(45 page×4 B = 180 B),除去一些功能寄存器消耗的空间外,留给用户可编程的空间为 144 字节,在 NFC 论坛中也把该类型的标签芯片定义为 2 类型的标签(Type 2 Tag,T2T)。NTAG 213TT 与普通的 NTAG 213 的区别就是,前者支持硬件防篡改保护,后者不支持,其他部分的功能是一样的。图 5.12 所示为硬件防篡改保护标签。

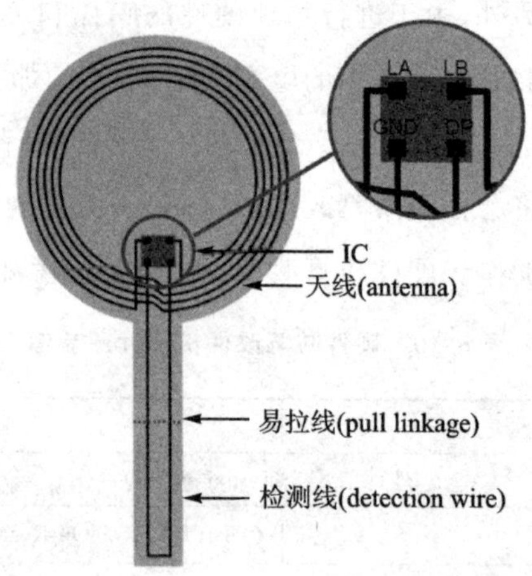

图 5.12 硬件防篡改保护标签

由图 5.12 可以看出,对比传统的标签类型,实际上支持硬件防篡改保护的芯片又多出一个物理保护引脚(Detection Pin,DP),保护线的另外一端连接到芯片的地信号上。表 5.11 所列为 NTAG 213 TT 晶圆片引脚标识及注释。

表 5.11　NTAG 213 TT 晶圆片引脚图标识及注释

引脚标识	注　释
LA	环路天线 A 引脚(antenna connection LA)
LB	环路天线 B 引脚(antenna connection LB)
DP	硬件防篡改保护检测引脚(detection pin)
GND	接地信号引脚(ground)

在做标签芯片 NTAG 213TT 保护线的设计时，推荐的设计有三大类型：第一种是在芯片保护引脚与地环路的保护线之间，设计一个大于标签本身射频天线的环型，并布置在射频天线的不同区域；第二种可以把第一种的大环设计沿用下来，只是把它包在射频天线的外围；第三种则使用线距之间极窄的设计。图 5.13 所示为 3 种保护线的结构设计参考。

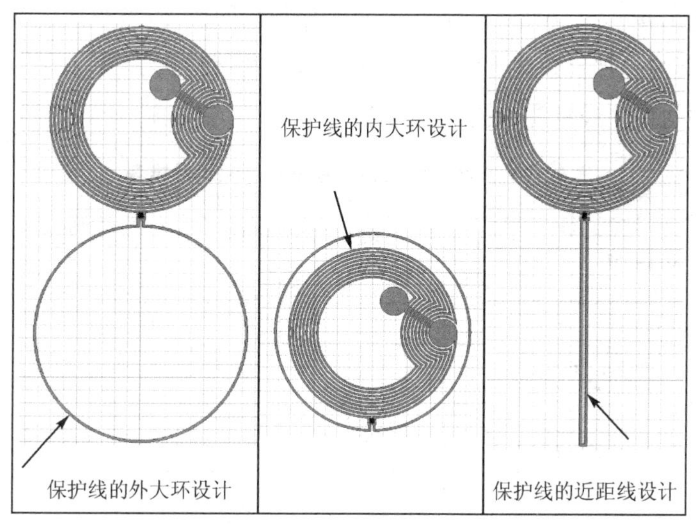

图 5.13　3 种保护线的结构设计参考

在设计保护线的环路时还有一个指标需要考虑，就是当外部的 POS 机或者射频读头靠近标签时，存在一个吸收能量场的问题，总的设计思想是保护线与外部射频场的能量耦合区域不宜过大，因此需要考虑芯片本身的能量吸收问题。所以，保护线的回路部分与外部射频读头天线重叠的部分，都有可能把射频能量场传回芯片，即设计保护线时需要仔细计算有可能潜在的重叠面积。图 5.14 所示为如何计算保护线与外部读头天线的重叠面积。

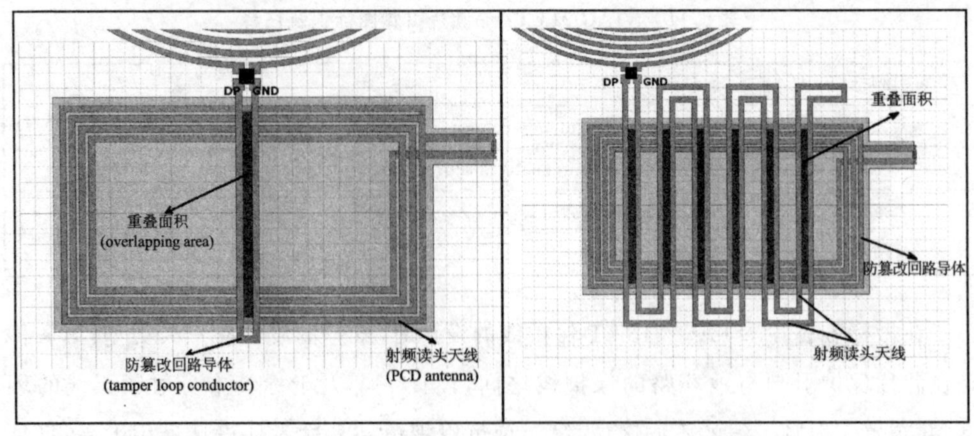

图 5.14　如何计算保护线与外部读头天线的重叠面积

根据 ISO/IEC 14443－2 协议中的规定，非接触射频天线本身的能量接受范围的均方根值在 1.5～7.5 A/m 之间，那么对于保护线的设计，当外部射频读头的天线为类型 6 时，其与外部射频读头的天线重叠区域之和不得大于 2.5 cm^2。表 5.12 所列为天线类型与保护线重叠面积设计推荐。

表 5.12　天线类型与保护线重叠面积设计推荐

天线类型	最大射频场能量的均方根值/($A \cdot m^{-1}$)	保护线重叠的最大面积/cm^2
类型 1(81 mm×49 mm)	7.5	6
类型 2(81 mm×27 mm)	8.5	5.5
类型 3(50 mm×40 mm)	8.5	5.5
类型 4(50 mm×27 mm)	12	3.8
类型 5(40.5 mm×24.5 mm)	14	3.3
类型 6(25 mm×20 mm)	18	2.5
主流 NFC 移动设备天线(15 mm×10 mm)	1.5	15

所以，对于硬件防篡改保护功能的无源的标签类，在硬件设计方面除了需要注意保护线的结构设计外，还需要注意保护线与外部射频读头交互的重叠面积。下面将结合这个硬件保护线的设计，来介绍其在系统层面是如何起到硬件防篡改保护功效的。在实施安全防护时，需要注意的配置管理标签防篡改项和消息管理标签防篡改页的相关事宜如下：

(1) 标签芯片 NTAG 213TT 的内存第 0x29 页的第一个字节用于专门配置管理标签防篡改项(Tag Tamper,TT)

- 此标签防篡改配置管理项一共为 1 字节。其中,低位 LSB 的比特 1 为标签防篡改的使能位(TT_EN),如果 TT_EN 位被设置为 0,则表示标签硬件防篡改保护功能为关闭状态;反之,如果 TT_EN 位被设置为 1,则表示标签硬件防篡改保护功能为开启状态,并且标签防篡改配置管理页 0x2D 被锁定,一旦设置为开启状态,就永久使能,无法再次修改该位到 0 的关闭状态。
- 此标签防篡改配置管理项中的低位 LSB 的比特 2 为标签防篡改的锁定位(TT_LOCK),如果 TT_LOCK 位被设置为 0,则表示可以读/写访问标签防篡改配置管理页 0x2D;反正,如果 TT_LOCK 位被设置为 1,则表示标签防篡改配置管理页 0x2D 被锁定,一旦设置为锁定状态,就永久锁定,无法再次修改该位到 0 的读/写状态。
- 表 5.13 所列为标签 0x29 页的第一个字节中的配置管理标签防篡改项数据结构。

表 5.13　配置管理标签防篡改项中的数据结构

地址	Byte 0	Byte 1								Byte 2	Byte3
		7	6	5	4	3	2	1	0		
0x29	MIRROR	RFU					TT_LOCK	TT_EN	RFU	MIRROR_PAGE	AUTH0

(2) 标签芯片 NTAG 213 TT 的内存第 0x2D 页用于专门配置消息管理标签防篡改页(TT_MESSAGE)

- 可以通过私有命令 READ_TT_STATUS 对标签防篡改消息管理页 0x2D 进行一些信息状态读取操作。当 NTAG 213TT 通过外部 RF 射频场供电并正常工作时,READ_TT_STATUS 命令可以读取有关标签篡改状态的信息,命令读取状态的响应包括:
  - 4 字节(0～3)的标签防篡改消息数据体。如果 4 字节都为"0x30303030",也就是 ASCII 码为 4 个"0000",则表示标签在启动过程中从未检测到标签的保护线被篡改过;反之,一旦发现标签的保护线被篡改过,就会返回非"0x30303030"的数据。

- 1 字节(4)的保护线断开的标志。如果这个字节为“0x43”,也就是 ASCII 码为“C”,则表示当前的这次启动检测到的标签保护线是连通的状态;如果这个字节为“0x4F”,也就是 ASCII 码为“O”,则表示当前的这次启动检测到的标签保护线是断开的状态;如果这个字节为“0x49”,也就是 ASCII 码为“I”,则表示当前的这次启动检测到的标签保护线为异常状态。
- 命令 READ_TT_STATUS 的时序图如图 5.15 所示,其中 $T_{TimeOut}$ 参考时间为 5 ms。

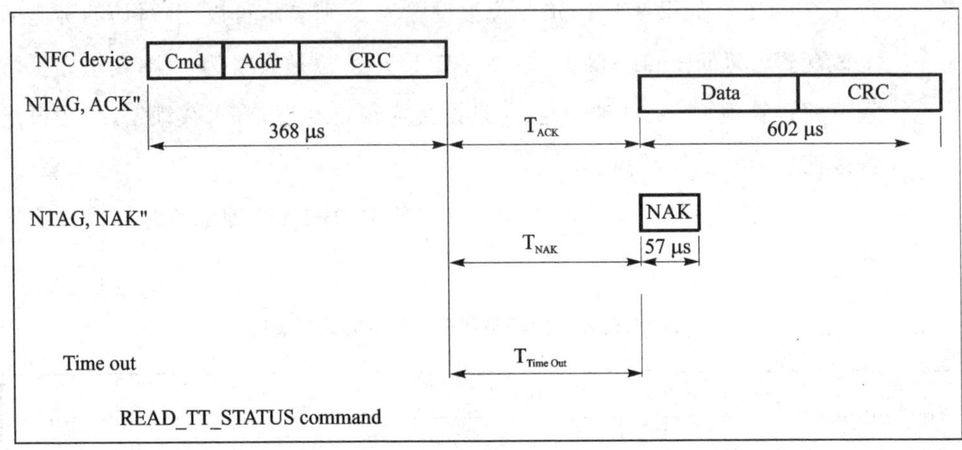

图 5.15　命令 READ_TT_STATUS 的时序图

- READ_TT_STATUS 的命令数据格式如表 5.14 所列。

表 5.14　READ_TT_STATUS 的命令数据格式

命　令	操作码	参　数	数　据	完整性检测机制	命令回复
READ_TT_STATUS	A4h	00h	—	CRC0,1	5 byte+CRC/4 bit NAK

- 通过 READ_TT_STATUS 命令读取的标签防篡改消息管理页 0x2D 的信息内容,全部为标签芯片重启或者复位后对保护线的检测结果。也就是说,如果标签芯片在射频能量场中工作期间,保护线有异常动作,则必须在下一次更新后才会被记录。因为标签芯片 NTAG 213TT 的内存

第 0x2D 页用于专门的消息管理标签防篡改页，所以这 4 字节的物理内存是完全可以通过 NTAG 213 的标准读/写命令（READ 0x30，WRITE 0xA2）来操作的，只是在传入地址参数时需要把 0x2D 页组装到命令中去，具体的操作命令格式和响应可以参考《NFC 技术基础篇》一书中的详细描述。

所以，应用防篡改功能首先需要使能 NTAG 213TT 芯片的标签硬件防篡改功能，启动成功后，NTAG 213TT 在启动期间执行保护线的篡改测量，如果发现标签的保护线是打开的，那么就会标记为篡改事件，NTAG 213TT 将永久存储该标记篡改状态，该篡改事件也将永久地存储在 IC 中。标签篡改的状态可以通过 READ_TT_STATUS 命令去查询，或者通过检查物理内存 0x2D 数据块中的 ASCII 码值来确定，或者通过设置 ASCII 镜像功能把物理内存 0x2D 的数据块一起标记到一组 ASCII 镜像中。这样当外部的读取检查设备支持 NDEF 格式时，可通过一组 ASCII 码将消息全部复制到一条 NDEF 数据格式中，方便增加 NDEF 数据格式对标签硬件防篡改功能的数据互联互通支持。

第 6 章 软件应用接口

在 SE 安全芯片中，一个大的设计框架和理念实际上就是底层硬件虚拟化，把硬件与上层应用程序完全隔离开，这样硬件设计和软件开发都可以相对独立地进行工作，它们之间就需要有一个中间隔离层。对于上层应用开发人员而言，不需要太多地去关注底层的硬件接口和资源，只需要在开发过程中调用标准的中间件或者库文件接口即可；对于 SE 安全芯片硬件的设计人员而言，不需要太多地去关注上层程序实现的逻辑和流程等。那么，引导程序和操作系统在上层应用程序和底层硬件之间就起到了一个虚拟化的桥接作用，对于一些传统的嵌入式工程师而言，可以减少两边调试和适配的工作量。

所以，在开发 SE 安全芯片的应用程序时，可以专注于研究 GP 规范和 Java Card API，并不需要太多地关注该 SE 安全芯片的一些硬件资源情况。对于其他的嵌入式系统而言，芯片的数据手册和开发文档是必不可少的资料，换句话说，没有这些资料基本上就无法进行开发工作。但是，对于 SE 安全芯片而言，在硬件方面的设计上，还是要求开发资料中有清晰的接口定义、电气特性和封装数据等内容，这些是必不可少的设计信息；而在 SE 安全芯片软件开发方面，则主要参考 GP 规范、Java Card API 和操作系统的用户手册。图 6.1 所示为 GP 规范定义的设备安全架构参考。

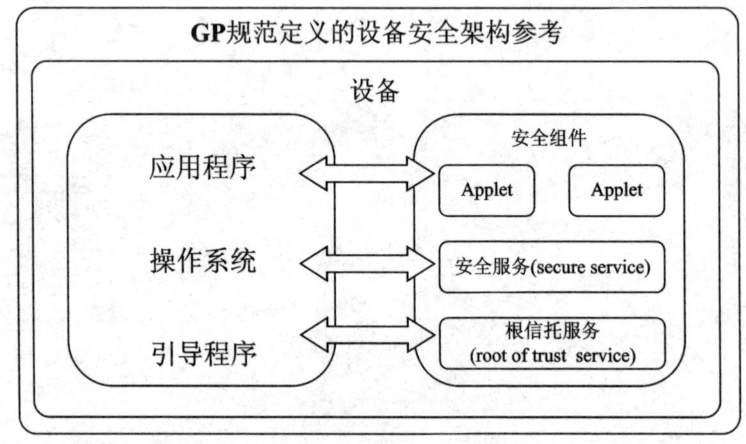

图 6.1 GP 规范定义的设备安全架构参考

从某种意义上讲，应用程序一旦开发成功，就可以应用到不同的支持GP规范的平台上去。能让应用程序或者服务做到跨平台，最主要的原因就是该SE安全芯片的引导程序和操作系统完成了上层应用与底层硬件的无缝对接，其Java Card的虚拟机(Java Card Virtual Machine，JCVM)屏蔽了与具体操作系统平台相关的信息，使得Java Card Applet程序只需要生成在Java虚拟机上运行的字节码(bytecode)，就可以在多种平台上不加修改地运行了。

支持Java Card和GP规范的操作系统也称为Java卡操作系统(Card Operating System，COS)，它旨在维护与第三方Applet的兼容性和所有现有的智能卡的基础设施。从技术上讲，该操作系统实际上也是一种嵌入式操作系统，只是它支持跨平台的Java虚拟机。该操作系统负责运行Applet应用和I/O通信管理层等，并且通过Java API接口暴露给上层应用进行调用，操作系统与上层应用程序之间通过Java Card虚拟机平台进行字节流解释操作；或者有些操作系统为了支持安全盒功能，保留了原始面向过程的编程接口，这样即使有些安全应用程序的编程接口不支持面向对象的Java，也能有效地提高代码运行的效率。

对于上层应用程序而言，对外的数据交互接口就是应用协议数据单元(APDU)格式，所以从底层硬件抛上来的APDU数据包会直接送到操作系统，操作系统再根据上层应用程序AID注册的管理机制，把相应的数据包送到相关的应用程序，所以6.1节首先介绍APDU格式，其中包括原先已经在ISO/IEC 7816-4定义的部分，以及出现在GP规范中新定义的部分。

6.1　应用协议数据单元

应用协议数据单元最开始为接触式智能卡读头和智能卡之间的数据通信单元定义，由标准ISO/IEC 7816-4进行定义，该标准中包括详细的安全、交换命令和响应的数据结构。后来，在USB接口的智能卡(ISO/IEC 7816-12)中的通信数据结构也完全复用了应用协议数据单元，然后就是非接触的标准ISO/IEC 14443中的应用数据的交互也使用了应用协议数据单元格式。

对于ISO/IEC 7816规范中所定义的接触式协议和ISO/IEC 14443规范中所定义的非接触式协议，它们在定义时，后者参考了前者的规范框架。对于底层的物理特性(physical characteristic)、电气特性(electrical characteristic)、SE安全芯片激活

(card activation)和通信协议定义(protocol definition)这几部分,实际上是可以相互参照对比的,只是到了数据交互时,因为 ISO/IEC 7816 规范中已经定义了,所以后者也就直接参考了这部分。对于当下大部分的智能卡或者 SE 安全芯片,它们基本上都是支持双界面通道的,即为支持接触和非接触通道。图 6.2 所示为 ISO/IEC 7816 和 ISO/IEC 14443 规范参照对比。

	ISO/IEC 7816	ISO/IEC 14443
	ISO/IEC 7816-4 行业间命令交互	
通信协议定义	ISO/IEC 7816-3 T = 0（字节传输） T = 1（块传输）	ISO/IEC 14443-4 type A/B T = CL（非接触传输协议）
SE 安全芯片激活	操作程序	ISO/IEC 14443-3 type A/B 初始化和防冲撞
电气特性	电气特性	ISO/IEC 14443-2 type A/B 射频电源与信号接口
尺寸与位置	ISO/IEC 7816-2 尺寸和位置	定义了最小耦合区域
物理特性	ISO/IEC 7816-1 物理特性	ISO/IEC 14443-1 物理特性

图 6.2　ISO/IEC 7816 和 ISO/IEC 14443 规范参照对比

如果直接映射到一个既支持 ISO/IEC 7816 接触通道的读头,又支持 ISO/IEC 14443 非接触的读头,那么当这个读头在与 SE 安全芯片做数据交互时,上层应用程序是完全可以复用同一套代码的。当然,这里还有一个前提条件,就是此 SE 安全芯片也是支持双界面通道的,即它在支持 ISO/IEC 7816 接触通道的同时,也支持 ISO/IEC 14443 非接触通道,其中接触通道实际物理的接触弹片符合 ISO/IEC 7816 标准,但是其数据链路层走的是通用异步收发协议(Universal Asynchronous Receiver Transmitter,UART)。所以,很多情况下,该 SE 安全芯片的接触通道的实际物理接口是 SPI 总线或者 UART 接口。图 6.3 所示为双界面 SE 安全芯片的工作通道示意图。

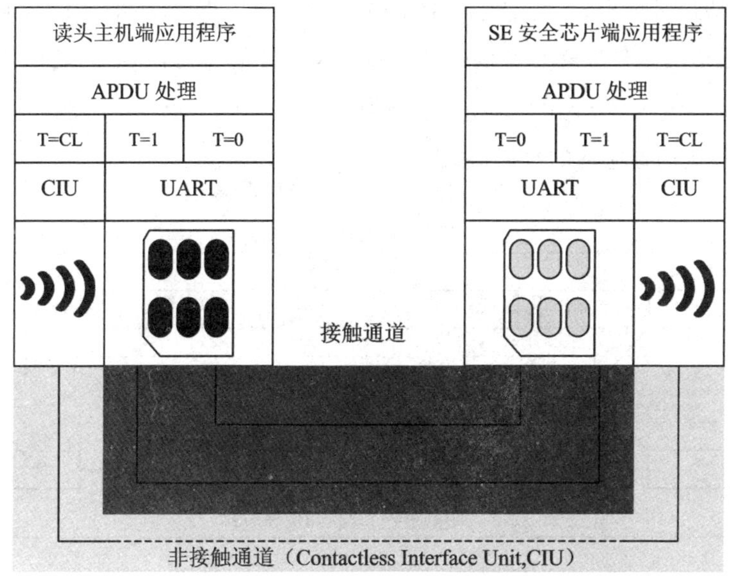

图 6.3　双界面 SE 安全芯片的工作通道示意图

图 6.3 中的通信协议定义部分的接触通道的传输协议由 ISO/IEC 7816－3 进行定义，表示在传输 APDU 数据包时具体采用何种数据格式。该数据通信的握手约定会在复位应答（Answer To Reset，ATR）与协议参数选择（Protocol and Parameters Selection，PPS）中完成。当前 ISO/IEC 7816－3 定义的接触通道的传输参数有：

－ T ＝ 0，异步字符的半双工传输；

－ T ＝ 1，半双工异步块传输；

－ T ＝ 2，3，预留为全双工传输用途；

－ T ＝ 4，增强的异步字符的半双工传输；

－ T ＝ 5，6，7，8，9，10，11，12，13，预留用途；

－ T ＝ 14，由标准 IEC/ISO JTC 1 SC 17 定义（还未完全公开使用的标准）；

－ T＝15，不作为传输协议用途，只限定为全局接口的字节。

而非接触通道的传输协议由 ISO/IEC 14443－4 进行定义，在这里只是表示具体传输 APDU 数据包时采用何种数据格式，且数据通信的握手约定会在选择应答（Answer To Select，ATS）与协议参数选择中完成。

对于 SE 安全芯片中的两种物理通道，到了通信协议定义部分就慢慢开始融合了，到数据协议部分就完全一样了，它们都是使用 APDU 数据格式。这里就单独讲一个接触通道的复位应答与非接触通道的选择应答的对比，其他的通信协议和握手协议本书就不做过多介绍了。图 6.4 所示为 ISO/IEC 7816 - 3 复位应答与 ISO/IEC 14443 - 4 选择应答的数据格式对比。

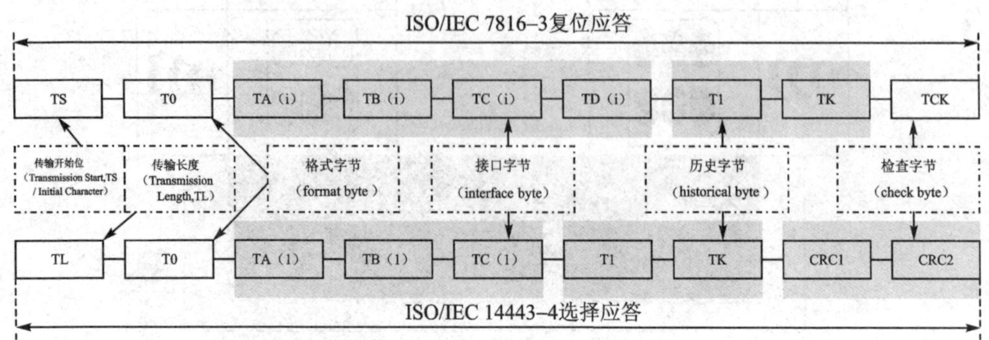

图 6.4　ISO/IEC 7816 - 3 复位应答与 ISO/IEC 14443 - 4 选择应答的数据格式对比

对于 NFC 移动支付系统而言，其 SE 安全芯片不管是通过外部的非接触通道，还是内部的与主机端的接触通道，或者与 NFC 射频前端控制器之间的接触通道进行通信时，它们的数据交互格式都是 APDU 格式。APDU 格式共分为两种：一种为命令格式的 APDU，另一种为响应格式的 APDU。命令格式的 APDU 由读卡器或者主机端发送给卡片或者 SE 安全芯片，它包含一个强制性的 4 字节头(CLA，INS，P1，P2)和 0～65 535 字节的数据体；而响应格式的 APDU 由卡片或者 SE 安全芯片发回到读卡器或者主机端，它可以包含 0～65 536 字节的数据体，以及两个必需的状态字节(SW1，SW2)。表 6.1 所列为 APDU 命令和响应对的数据格式。

表 6.1　APDU 命令和响应对的数据格式

	域　名	长度/字节	注　释
APDU 命令 (APDU command)	指令类(CLA)	1	指命令的类型，有公开或者私有的指令
	指令码(INS)	1	指特定的命令，例如“写数据”命令
	指令参数(P1，P2)	2	指命令的参数，例如写入数据时文件偏移量的参数

续表 6.1

	域　名	长度/字节	注　释
APDU 命令（APDU command）	数据体长度（Lc）	0、1 或者 3	对要跟随的命令数据体的字节数(Nc)的编码： — 0 字节表示 Nc=0； — 1 字节表示接下来命令数据体的长度，Nc 最大的取值范围为 1～2550x01～0xFF)； — 3 字节表示接下来命令数据体的长度，第一个字节必须为 0，Nc 最大的取值范围为 1～65 535(0x000000～0x00FFFF)
	命令数据体（command data）	Nc	实际的命令数据体，此数据体的长度在“数据体长度(Nc)”域中进行编码
	最大响应字节数（Le）	0、1、2 或者 3	对期望返回的最大响应字节数(Ne)的编码： — 0 字节表示 Ne=0； — 1 字节表示期望返回的最大响应字节数的长度，Ne 最大的取值范围为 1～255(0x01～0xFF)； — 2 字节(如果 APDU 命令中存在 Lc)表示期望返回的最大响应字节数的长度，Ne 最大的取值范围为 1～65 535(0x0000～0xFFFF)； — 3 字节(如果 APDU 命令中不存在 Lc)表示期望返回的最大响应字节数的长度，第一个字节必须为 0，Ne 最大的取值范围为 1～65 535(0x000000～0x00FFFF)
APDU 响应（APDU response）	响应数据体（response data）	Nr(原则上长度应该和 Ne 是一样的)	实际的响应数据体
	状态字（SW1，SW2）	2	命令处理后的响应状态，例如 0x9000 表示成功

实际上，在上层应用程序交互协议中的每一个步骤都包括发送命令、在接收实体中处理命令并发回响应。由于特定的响应对应于特定的命令，因此也称为 APDU 命令-响应对。如上面的介绍，APDU 包含命令消息或响应消息，命令是从主机端发

送到 SE 安全芯片，响应是从 SE 安全芯片回应给主机端。在 APDU 命令-响应对中，命令消息和响应消息可能包含数据，也可能不包含数据。实际操作时，APDU 命令-响应对会引发 4 种情况，如表 6.2 所列。

表 6.2　4 种 APDU 命令-响应对

场　景	命令数据体	响应数据体
1	无	无
2	无	有
3	有	无
4	有	有

APDU 命令格式将命令分为两部分：第一部分为强制部分，也就是说，无论 APDU 命令怎么精简或者复杂，在一个完整的 APDU 数据包中必须包括指令类(CLA)、指令码(INS)和指令参数(P1，P2)，这部分也被称为 APDU 命令包头；第二部分为可选部分，也就是说，APDU 命令可以根据实际情况进行数据的添加或者删除操作，这部分包括数据体长度(Lc)、命令数据体(command data)和最大响应字节数(Le)，其也被称为 APDU 命令包体。APDU 命令也简称为"C-APDU"。表 6.3 所列为 APDU 命令包头和命令包体。

表 6.3　APDU 命令包头和命令包体

APDU 命令包头(强制部分)			APDU 命令包体(可选部分)		
指令类(CLA)	指令码(INS)	指令参数(P1，P2)	数据体长度(Lc)	命令数据体(command data)	最大响应字节数(Le)

APDU 命令包体又有 3 个域为可选项，其中数据体长度(Lc)域一旦不为零，有实际的数据，命令数据体就一定不能为空。所以，组合下来 APDU 命令的数据包格式只可能出现 4 种情况，如图 6.5 所示。

APDU 响应由两部分构成：前面部分为 APDU 响应包体，它是一个可变长度的数据体，原则上长度应该与上一条命令请求的 Ne 是一样的；后面部分为 APDU 响应包尾，这是一个强制性部分，由两字节的状态字组成。APDU 响应也简称为"R-APDU"。表 6.4 所列为 APDU 响应包体和响应包尾。

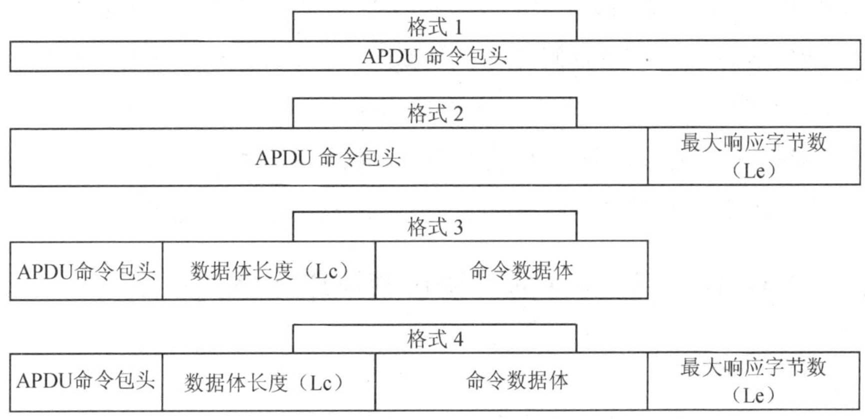

图 6.5　APDU 命令的 4 种数据包格式

表 6.4　APDU 响应包体和响应包尾

APDU 响应包体（可变长度的部分）	APDU 响应包尾（强制部分）
响应数据体（response data）	状态字（SW1，SW2）

ISO/IEC 7816 规范对 APDU 响应包尾的两字节的状态字有详细的描述，主要分为两部分：一部分表示对 APDU 命令已经处理完毕，处理结果包括正常处理的部分，也包括处理了但是过程中有异常信息的部分；另一部分表示对 APDU 命令并未正常处理，其中处理结果有执行结果出错返回的，也有在校验数据完整性出问题的。图 6.6 所示为 APDU 响应包尾状态字的分类定义。

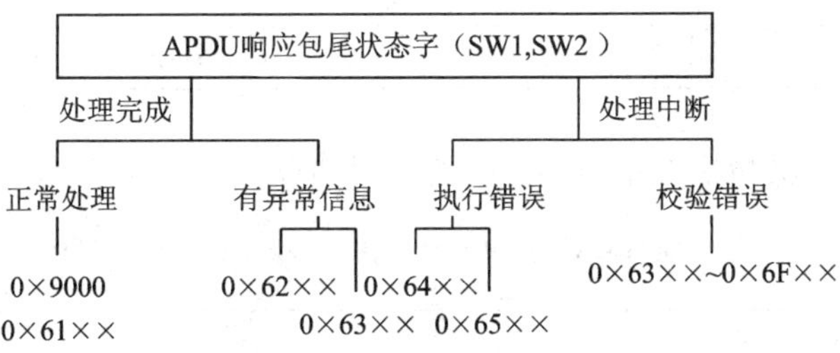

图 6.6　APDU 响应包尾状态字的分类定义

根据上面的介绍，对于 SE 安全芯片而言，不管是接触式协议还是支持非接触式协议，其数据协议部分没有任何区别，都是支持的 ISO/IEC 7816－4 协议。当初 ISO/IEC 7816－4 为智能卡领域定义的 APDU 数据格式，大量的使用在以单一应用为主的原生态操作系统中，后来发展起来的多应用并支持“防火墙”安全域概念的 Java 虚拟机平台的操作系统，其大部分的 APDU 数据格式还是沿用之前 ISO/IEC 7816－4 所定义的标准，基本原则就是之前有定义的部分继续沿用，有做扩展的部分就更新在 GP 规范中。所以，对于 SE 安全芯片的应用程序而言，关于 APDU 相关的数据格式，除了私有定义的规范外，公开引用的就只需要查阅 ISO/IEC 7816－4 和 GP 核心规范即可，下面就把这两部分的 APDU 进行梳理和总结。

6.1.1 ISO/IEC 7816－4 应用协议数据单元格式

1. 指令类域

从 APDU 命令开始，其指令类(CLA)域的长度就为 1 字节，关于这个域的介绍说明如表 6.5 所列。

表 6.5 ISO/IEC 7816－4 定义的 APDU 中指令类域的说明

指令类域	注　释
0x0×	基于以“0”或者“1”开头的指令类来自 ISO/IEC 7816－4 规范
0x1×	
0x20～0x7F	预留
0x8×	基于以“8”或者“9”开头的指令类来自 GP 规范
0x9×	
0xA×	基于以“A”开头的指令类与应用上下文相关
0xB0～0xCF	此段指令类来自 ISO/IEC 7816－4 规范
0xD0～0xFE	此段建议用于私有 APDU 命令
0×FF	预留为协议类型选择(Protocol Type Selection,PTS)

表 6.5 中指令类域中的字节为“×”的说明如表 6.6 所列。

表 6.6 指令类(CLA)＝“0×,1×,8×,9×,A×”中“×”的说明

b3	b2	b1	b0	注　释
×	×	—	—	b3、b2 指示安全消息(Secure Message,SM)格式
0	0	—	—	不支持安全消息格式
0	1	—	—	为私有定义的安全消息格式
1	0	—	—	符合 ISO/IEC 7816－4 定义的安全消息格式，未包括 APDU 命令包头

续表 6.6

b3	b2	b1	b0	注　释
1	1	—	—	符合 ISO/IEC 7816-4 定义的安全消息格式,包括 APDU 命令包头
—	—	×	×	代表的具体逻辑通道数,b1b0 = 00 时表示逻辑通道未使用

逻辑通道的概念将在后续内容中介绍,这里先介绍安全消息。安全消息传递的目的是确保主机端与 SE 安全芯片之间通信数据的身份验证和数据机密性，该消息的传递是通过一个或多个安全机制来实现的,每个安全机制都涉及算法、密钥、参数,通常还包括初始数据等。APDU 数据域的传输和接收可能与安全机制的执行交织在一起,可能包含两种或两种以上的安全机制,并且它们可能使用具有不同模式的相同算法。

在涉及基于密码学安全机制的每条消息中,数据字段应符合 ASN.1 的基本编码规则(ISO/IEC 8825),在 APDU 数据域中关于安全消息的格式可能包括两种:一种为隐式的,在 APDU 数据通信前就约定好;另一种为显式的,如表 6.6 中的介绍,就是在指令类域中通过 b3 和 b2 来指定。

ISO/IEC 7816 中所定义的在 APDU 数据域中的安全消息格式是基于 BER-TLV(Basic Encoding Rule-Tag Length Value)编码。根据 ISO/IEC 8825 的定义,一个 BER-TLV 数据对象可以包括 2～3 个连续的数据域:

① 标签(Tag)包括一个或多个连续字节,它定义一种类别和类型,此标签域用一个或两个字节进行编码。

— 此标签域不能用 0x00 或者 0xFF。

— 此标签域的编码规则如表 6.7 所列。

表 6.7　ISO/IEC 8825 定义的 BER-TLV 第一字节的编码格式

b7	b6	b5	b4	b3	b2	b1	b0	注　释
0	0	—	—	—	—	—	—	通用类(universal class)
0	1	—	—	—	—	—	—	应用类(application class)
1	0	—	—	—	—	—	—	上下文相关类(context-specific class)
1	1	—	—	—	—	—	—	私有类(private class)

续表 6.7

b7	b6	b5	b4	b3	b2	b1	b0	注　释
		0	—	—	—	—	—	基本数据对象(primitive data)
		1	—	—	—	—	—	结构数据对象(constructed data)
			1	1	1	1	1	表示后有连续的字节(subsequent byte)
			00000b～11110b					标签的号码

一 如表 6.7 所列,当 b0～b4 全都为 1 时,代表 BER-TLV 格式中的标签域后面还有连续的字节,此字节也称为 BER-TLV 第二字节。此标签域第二字节的编码规则如表 6.8 所列。

表 6.8　ISO/IEC 8825 定义的 BER-TLV 第二字节的编码格式

b7	b6	b5	b4	b3	b2	b1	b0	注　释
1	—	—	—	—	—	—	—	表示后面有连续的字节(Subsequent byte)
0	—	—	—	—	—	—	—	表示本字节为最后一字节
	0000001b～1111111b							标签号码中的一部分

② 长度(Length)包括一个或多个连续字节,它定义了接下来一个键值的长度。此长度域使用一个或二个字节编码。

一 短包(0～127 字节),此字段由一个字节组成,其中 b7 应设置为 0,b6～b0 代表接下来键值的实际长度。

一 长包(128～65 535 字节),此字段由 3 个字节组成,第一字节中的 b7 应设置为 1,另外第一字节的 b6～b0 和后面两字节代表接下来键值的实际长度。

③ 键值(Value)定义数据对象的值,如果长度域等于零,则键值域不存在。

安全消息定义了 3 种类型的数据对象,如下:

① 普通值数据,用于携带数据用途。

一 可以包含没有 BER-TLV 中编码的数据,或者使用了 BER-TLV 编码的数据。表 6.9 所列为普通值数据对象的格式说明。

表6.9　普通值数据对象的格式说明

标签(Tag)	注　释
0x80,0x81	使用BER-TLV中的编码,不包含安全消息相关
0x99	使用BER-TLV中的编码,包含安全消息相关
0xB0,0xB1	未使用BER-TLV中的编码
0xB2,0xB3	安全消息状态消息

② 安全机制的数据,用于携带安全机制的计算结果。

－ 用于身份验证的数据对象。

● 密码校验数据。

ISO/IEC 9797规范定义,密码校验和的计算涉及一个初始校验块、密钥和一个不需要可逆的块密码算法。在相关密钥控制下的算法上,将当前输入的k字节块(通常为8或16字节)转换为相同长度的当前输出块。密码校验和的计算在以下连续的阶段中进行:

初始阶段,设置的初始块为下列块之一:空块,即k字节值为“00”;链接块,即之前的计算结果,对于一个命令,则为前一个命令的最后一个检查块,对于一个响应,则为前一个响应的最后一个检查块;由外部提供的初始值块;在相关键下转换辅助数据而产生的辅助块,如果辅助数据小于k字节,那么它的头位就被设置为0,直到块长度。

顺序阶段,当APDU指令类为“0×”、“8×”、“9×”或“A×”时,如果其b3和b2位被设置为1,然后第一个数据块由命令APDU的命令包头组成,则后面跟着的是一个字节值为“80”和k－5字节值为“00”的数据块。加密校验和应集成任何标记为b0＝1的且与安全消息相关的数据对象,以及任何标记为“80”～“BF”范围之外的数据对象。这些数据对象按数据块集成到当前检查块中,数据块的划分应按以下方式进行:在要集成的相邻数据对象之间的边界处,数据块应是连续的;填充数据应用到每个集成数据对象的末尾,后面紧跟着一个不需要集成的数据或者没有数据对象。填充由一个值为“80”的强制字节组成,如果需要,则后面的0～k－1字节都被设置为“00”,直到各自的数据块被填满k字节。身份验证的填充对传输没有影响,因为填充字节不能被传输。对于ISO/IEC 10116规范中的“密码块链接”,第一个输入的数据块是排他性的初始检查块,即第一个输出结果来自第一个数据块,当前输入是对当前数据块的前一个输出的唯一输入,当前输出由当前输入产生,最后的检查块是最后输出的。

最后阶段,从最后的检查块中提取密码校验和(至少 4 字节)。

密码校验数据对象的格式如表 6.10 所列。

表 6.10 密码校验数据对象的格式说明

标签(Tag)	注 释
0x8E	密码校验和

● 数字签名数据。

数字签名计算通常基于非对称加密技术。数码签名有两种类型:第一种,仅为数字签名;第二种,数字签名并提供消息恢复。使用哈希函数(ISO/IEC 10118 规范)计算的数字签名由输入数据对象的值组成。

数字签名数据对象的格式如表 6.11 所列。

表 6.11 数字签名数据对象的格式说明

标签(Tag)	注 释
0x9A,0xBA	数字签名输入数据
0x9E	数字签名

— 用于保密的数据对象。

● 保密数据对象的格式有以下 3 种情况:第一,使用 BER-TLV 中的编码,不包含安全消息相关;第二,使用 BER-TLV 中的编码,包含安全消息相关;第三,未使用 BER-TLV 中的编码。用于保密的数据对象的格式说明如表 6.12 所列。

表 6.12 保密的数据对象的格式说明

标签(Tag)	注 释
0x82,0x83	使用 BER-TLV 中的编码,不包含安全消息相关
0x84,0x85	使用 BER-TLV 中的编码,包含安全消息相关
0x86,0x87	填充指示字节后面跟着密码

● 当普通值数据由非 BER-TLV 编码的数据组成时,必须进行填充。为保密起见,每个数据对象可以使用任何加密算法和任何拥有适当算法引用

的操作模式。在没有算法引用的情况下，当没有隐式选择保密机制时，应应用默认的保密机制。对于前接填充指示符的密码计算，默认机制是“电子码本”模式下的分组密码(ISO/IEC 10116 规范)，分组密码的使用可能涉及填充。填充指示字节的格式说明如表 6.13 所列。

表 6.13　填充指示字节的格式说明

值	注　释
0x00	暂无说明
0x01	填充
0x02	无填充
0x80～0x8E	私有定义
其他	预留用途

③ 辅助安全数据，用于携带控制和响应数据。

可以为每种安全机制选择算法、密钥和可能的初始数据，包括隐式的，即在发出命令之前双方已知；还有显式的，即通过在控件模板中嵌套引用，每个命令消息可以携带一个响应描述符模板，用于修复响应中需要的数据对象。

— 控制数据模板对象的格式说明如表 6.14 所列。

表 6.14　控制数据模板对象的格式说明

标签(Tag)	注　释
0xB4,0xB5	对密码有效校验和有效的模板
0xB6,0xB7	适用于数字签名的模板
0xB8,0xB9	适用于机密性的模板

— 控制数据对象的格式说明如表 6.15 所列。

表 6.15　控制数据对象的格式说明

标签(Tag)	注　释
0x80	算法参考(algorithm reference)
—	文件参考(file reference)
0x81	文件标识符或路径
0x82	专用文件名
—	密钥参考(key reference)

续表 6.15

标签(Tag)	注 释
0x83	直接使用
0x84	用于计算会话密钥
—	初始数据参考(initial data reference)
0x85	L=0,空块
0x86	L=0,链接块
0x87	L=0,初值块,前面的初值块加上 1 L=k
—	辅助数据(auxiliary data)
0x88	L=0,之前交换的挑战加 1; L≠0,暂无说明
0x89～0x8D	L=0,私有数据元素的索引; L≠0,私有数据元素的值
0x8E	密码内容参考(cryptogram content reference)

— 响应描述符对象的格式说明如表 6.16 所列。

表 6.16 响应描述符对象的格式说明

标签(Tag)	注 释
0xB4,0xB5	对密码有效校验和有效的模板
0xB6,0xB7	适用于数字签名的模板
0xB8,0xB9	适用于机密性的模板

2. 指令码域

APDU 命令的指令码(INS)编码允许使用 ISO/IEC 7816 第 3 部分中定义的任何协议进行传输,但是 APDU 设置的状态字 SW1 只能是"0x6×"和"0x9×",并且 ISO/IEC 7816 定义的响应字节 ACK 是用于决定后续数据传输的。该响应字节决定传输的方向和后续传输字节的数量,如果 ACK = INS,则传输剩余的全部字节;如果 ACK = INS^ FF,则传输后续的一个字节;如果 ACK = INS^ 01 和 ACK = INS^ FE,则用于说明编程电压 Vpp 的状态。表 6.17 所列为 APDU 命令中无效的 INS 指令码。

表 6.17 APDU 命令中无效的 INS 指令码

b7	b6	b5	b4	b3	b2	b1	b0	注 释
×	×	×	×	×	×	×	1	奇数
0	1	1	0	×	×	×	×	0x6×
1	0	0	1	×	×	×	×	0x9×

在 ISO/IEC 7816-4 中所定义的 INS 指令码如表 6.18 所列。

表 6.18　APDU 命令中 INS 指令码

指令码	命令名
0x0E	逻辑擦除 EF 文件(ERASE BINARY)
0x20	验证比较(VERIFY)
0x70	逻辑通道管理(MANAGE CHANNEL)
0x82	外部验证(EXTERNAL AUTHENTICATE)
0x84	获取随机数(GET CHALLENGE)
0x88	内部验证(INTERNAL AUTHENTICATE)
0xA4	选择文件(SELECT FILE)
0xB0	读取 EF 文件(READ BINARY)
0xB2	读取记录(READ RECORDS)
0xC0	获取响应(GET RESPONSE)
0xC2	数据串(ENVELOPE)
0xCA	获取数据(GET DATA)
0xD0	写 EF 文件(WRITE BINARY)
0xD2	写记录(WRITE RECORD)
0xD6	更新 EF 文件(UPDATE BINARY)
0xDA	增加数据(PUT DATA)
0xDC	更新记录(UPDATE RECORD)
0xE2	追加记录(APPEND RECORD)

(1) 逻辑擦除 EF 文件

顺序地从给定的偏移量开始,将指定 EF 的内容设置为逻辑擦除状态。当命令包含有效的短 EF 标识符时,将文件设置为当前 EF,并在当前选择的 EF 上处理该命令。另外,只有当安全状态满足擦除函数的安全属性时,才能执行该命令,如果该命令用于一个没有透明结构的 EF,则该命令将被中止。表 6.19 所列为逻辑擦除 EF 文件命令格式。

表 6.19　逻辑擦除 EF 文件命令格式

参　数	说　明
CLA	0x00 或者 0x04
INS	0x0E
P1,P2	见此表下面的说明
Lc 字段	空或 0x02
数据字段	见此表下面的说明
Le 字段	空

说明：如果 P1 中的 b7＝1，那么 b6～b5 被设置为 0，即为预留，b4～b0 是一个简短的 EF 标识符，P2 是从文件开始以数据单元的形式更新的第一个字节的偏移量；如果 P1 中的 b7＝0，那么 P1‖P2 就是从文件开始以数据单元的形式写入的第一个字节的偏移量。

逻辑擦除 EF 文件命令的响应报文详情见本小节中的"(19)状态字"的相关内容。

(2) 验证比较

启动从接口设备送入卡内的验证数据与卡内存储的引用数据(例如口令等)进行比较。安全状态可能会因为比较而被修改，不成功的比较可能被记录在卡片中(例如，限制进一步尝试使用参考数据的次数等)。表 6.20 所列为验证比较命令格式说明。

表 6.20 验证比较命令格式说明

参　数	说　明
CLA	0x00 或者 0x04
INS	0x20
P1，P2	P1＝0x00 有效，其他值为预留项。 P2：引用数据的限定符： 0000 0000b：无有效信息； 0××× ××××b：全球参考数据(如卡密码)； 1××× ××××b：具体参考数据(例如 DF 特定密码)； --× ××××b：参考数量的数据； 其他值：预留项
Lc 字段	空或后续数据字段的长度
数据字段	空或验证数据
Le 字段	空

当 P2＝0x00 时，为保留验证命令，在其明确引用机密数据的卡片中没有使用特定的限定符，例如引用数据号可以是密码号或短 EF 标识符，当数据体是空的时，可以使用命令来检索"×"的数量，当 SW1，SW2 为 0x63C×时，可以允许进一步重试；或者当 SW1，SW2 为 0x9000 时，可以检查验证是否是必需的。

获取响应命令的响应报文详情见本小节中的"(19)状态字"的相关内容。

(3) 逻辑通道管理

逻辑通道管理命令为打开和关闭逻辑通道，open 函数为打开一个新的逻辑通道，但不是基本的逻辑通道，为卡片分配逻辑通道号或为提供给卡片的逻辑通道号提供选项；close 函数为关闭一个逻辑通道，也不是基本通道。成功关闭后，逻辑通道应可重用。表 6.21 所列为逻辑通道管理命令格式说明。

表 6.21 逻辑通道管理命令格式说明

参 数	说 明
CLA	0x00 或者 0x04
INS	0x70
P1,P2	P1:管理逻辑通道参数: 0x00:打开逻辑信道; 0x80:关闭逻辑信道, 其他值:预留项。 P2:逻辑通道数: 逻辑通道数为 4 个,取值范围为 0x00～0x03; 其他值,预留项
Lc 字段	空
数据字段	空
Le 字段	如果 P1,P2 等于 0x0000,则此字段为 0x01; 如果 P1,P2 不等于 0x0000,则此字段为空

P1 的 b7 用来表示打开函数或者关闭函数，如果 b7 为 0，则管理通道应打开逻辑通道；如果 b7 为 1，则管理通道应关闭逻辑通道。对于 open 函数，即 P1＝0x00 时，P2 的 b0 和 b1 以与指令类字节相同的方式对逻辑通道号进行编码，P2 的其他位为预留项。当 P2 的 b0 和 b1 为空时，卡片将分配一个逻辑通道号，该逻辑通道号将以数据字段的 b0 和 b1 位返回；当 P2 的 b0 或 b1 不为空时，它们会编码一个逻辑通道号而不是基本通道号，然后卡片将打开外部分配的逻辑通道号。

表 6.22 所列为逻辑通道管理命令的响应报文格式。

表 6.22 逻辑通道管理命令的响应报文格式

参 数	说 明
数据字段	如果 P1,P2 等于 0x0000,则此字段为逻辑通道号; 如果 P1,P2 不等于 0x0000,则此字段为空
SW1,SW2	状态字节,用来说明指令执行是否出错,是什么原因出错

(4) 外部验证

外部验证命令有条件地更新安全状态，步骤为：①SE 安全芯片产生几字节的随机数发送给主机端，并临时在 SE 安全芯片内保存一份；②主机端将收到的随机数用密钥进行加密，并把此密文发送给 SE 安全芯片；③SE 安全芯片自身也用同样的密钥，对主机端回复的数据解密，得到待验证的随机数，注意这里是对称密钥算法；④比对随机数明文，相同通过的则表示外部验证通过。表 6.23 所列为外部验证命令格式说明。

表 6.23 外部验证命令格式说明

参 数	说 明
CLA	0x00 或者 0x04
INS	0x82
P1,P2	P1：在 SE 安全芯片中引用的算法。 P2：引用的密钥： 0000 0000b：无有效信息； 0--- ---b：全局参考数据(如 MF 指定密钥)； 1--- ---b：特定引用数据(如 DF 指定密钥)； ---×××××b：秘密组的号码； 其他值：预留项
Lc 字段	空或后续数据字段的长度
数据字段	空或鉴权相关的数据(例如对获取随机数的响应)
Le 字段	空

P1 等于 0x00 时表示没有给出任何有效信息，在其发出命令之前或在数据字段中提供算法的引用时，都知道该具体算法的引用；P2 等于 0x00 时表示没有给出任何信息，在发出命令之前或在数据字段中提供密钥的引用是已知的。

外部验证的响应报文详情见本小节中的“(19)状态字”的相关内容。

(5) 获取随机数

要求发出一个获取随机数的命令以便用于安全相关的验证流程，例如在运行外部验证之前就可以用获取随机命令提前获取随机数。表 6.24 所列为获取随机数命令格式说明。

表 6.24 获取随机数命令格式说明

参 数	说 明
CLA	0x00 或者 0x04
INS	0x84
P1,P2	默认为 0x0000,其他值为预留项
Lc 字段	空
数据字段	空
Le 字段	在响应中期望的最大字节数

获取随机数的响应报文详情见本小节中的"(19)状态字"的相关内容。

(6) 内部验证

内部验证命令提供了利用终端设备发来的随机数和自身存储的密钥进行数据认证的功能,也就是终端认证 SE 安全芯片合法性的过程。表 6.25 所列为内部验证命令格式说明。

表 6.25 内部验证命令格式说明

参 数	说 明
CLA	0x00 或者 0x04
INS	0x88
P1,P2	P1:在 SE 安全芯片中引用的算法。 P2:引用的密钥: 0000 0000b:无有效信息; 0--- ----b:全局参考数据(如 MF 指定密钥); 1--- ----b:特定引用数据(如 DF 指定密钥); ---×××××b:秘密组的号码; 其他值:预留项
Lc 字段	后续数据字段的长度
数据字段	空或鉴权相关的数据(例如获取随机数的命令)
Le 字段	在响应中期望的字节最大数

P1 等于 0x00 时表示没有给出任何有效信息,在其发出命令之前或在数据字段中提供算法的引用时,都知道该具体算法的引用;P2 等于 0x00 时表示没有给出任何信息,在发出命令之前或在数据字段中提供密钥的引用是已知的。

内部验证的响应报文详情见本小节中的"(19)状态字"的相关内容。

(7) 选择文件

设置当前文件后续命令可以通过逻辑通道隐式地引用该当前文件。例如,当选择 DF 或者是 MF 选择,将其设置为当前 DF,之后可以通过该逻辑通道隐式地选择当前 EF;或者 EF 将其设置为一对当前文件 EF 及其父文件。在重置复位之后,除非在历史字节或初始日期字符串中有不同的指定,否则都可以通过基本逻辑通道隐式地选择 MF。表 6.26 所列为选择文件(SELECT FILE)命令格式说明。

表 6.26 选择文件命令格式说明

参 数	说 明
CLA	0x00 或者 0x04
INS	0xA4
P1,P2	P1:选择控制: 0000 00××b:按文件标识符选择; 0000 0000b:选择 MF、DF 或 EF(数据字段等于标识符或空); 0000 0001b:选择子 DF(数据字段等于 DF 标识符); 0000 0010b:在当前 DF 下选择 EF(数据字段等于 EF 标识符); 0000 0011b:选择当前 DF 的父 DF(空数据字段); 0000 01××b:由 DF 名称选择; 0000 0100b:直接选择 DF 名称(数据字段等于 DF 名称); 0000 1×××b:路径选择; 0000 1000b:从 MF 中选择(数据字段等于路径,没有 MF 的标识符); 0000 1001b:从当前 DF 中选择(数据字段等于路径,没有当前 DF 的标识符); 其他值:预留项。 P2:选择选项: 0000 —00b:第一条记录; 0000 --01b:最后一条记录; 0000 --10b:下一条记录; 0000 --11b:以前的记录; 0000 ××--b:文件控制信息选项; 0000 00 —b:返回 FCI,可选模板; 0000 01 —b:返回 FCP 模板; 0000 10 —b:返回 FMD 模板; 其他值:预留项
Lc 字段	空或后续数据字段的长度

续表 6.26

参　数	说　明
数据字段	此数据段的具体数据与上面 P1,P2 内容相关,例如可以为: —文件标识符; —MF 的路径; —当前 DF 的路径; —DF 名称
Le 字段	空或在响应时期望的数据最大长度

选择文件的响应报文详情见本小节中的"(19)状态字"的相关内容。

(8) 读取 EF 文件

读出带有透明结构的 EF 内容中的一部分,表 6.27 所列为读取 EF 文件命令格式说明。

表 6.27　读取 EF 文件命令格式说明

参　数	说　明
CLA	0x00 或者 0x04
INS	0xB0
P1,P2	如果 P1 中的 b7 等于 1,那么 b6～b5 被设置为 0,P1 的 b2～b0 位是一个简短的 EF 基本文件标识符,P2 是从文件开始以日期为单位读取的第一个字节的偏移量;如果 P1 中的 bt7 等于 0,那么 P1 ‖ P2 就是从文件开始读取数据单元的第一个字节的偏移量
Lc 字段	空
数据字段	空
Le 字段	期待读取的字节数。如果 Le 字段只包含 0,那么在短长度 256 或者长长度 65 536 的限制内,应该读取文件末尾之前的所有字节

读取 EF 文件的响应报文详情见本小节中的"(19)状态字"的相关内容。

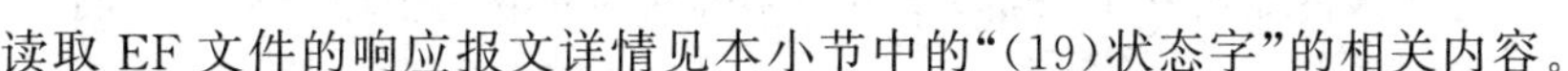

(9) 读取记录

读取记录响应消息会给出 EF 的指定记录,或者为一条记录开头部分的内容。表 6.28 所列为读取记录命令格式说明。

表 6.28 读取记录命令格式说明

参 数	说 明
CLA	0x00 或者 0x04
INS	0xB2
P1,P2	P1:记录号或被读的第一条记录的标识符,0x00 表示当前记录。 P2:引用控制: 0000 0---b:当前选定的 EF; ×××× ×---b:短 EF 标识符; 1111 1---b:预留项; ---- -1××b:P1 中记录号的使用; ---- -100b:读取记录 P1; ---- -101b:读取 P1 到最后的所有记录; ---- -110b:读取从上一条到 P1 的所有记录; ---- -111b:预留项; ---- -0××b:P1 中记录标识符的使用; ---- -000b:读取第一次出现; ---- -001b:读取最后一次出现; ---- -010b:读取下一个事件; ---- -011b:读取前面的事件; 其他值:预留项
Lc 字段	空
数据字段	空
Le 字段	期待被读取的字节数

读取记录的响应报文详情见本小节中的"(19)状态字"的相关内容。

(10) 获取响应

获取响应用于从 SE 安全芯片获取传输到接口设备的全部或部分 APDU,否则可用的协议将无法传输给这个设备。表 6.29 所列为获取响应命令格式说明。

表 6.29 获取响应命令格式说明

参 数	说 明
CLA	0x00 或者 0x04
INS	0xC0
P1,P2	默认为 0x0000,其他值为预留项
Lc 字段	空

续表 6.29

参　数	说　明
数据字段	空
Le 字段	期望响应中的数据最大长度

获取响应命令的响应报文详情见本小节中的“(19)状态字”的相关内容。

(11) 数据串

数据串命令用于发送那些不能由有效协议来发送的全部或者部分 APDU 数据。表 6.30 所列为数据串命令格式说明。

表 6.30　数据串命令格式说明

参　数	说　明
CLA	0x80
INS	0xC2
P1,P2	默认为 0x0000,其他值为预留项
Lc 字段	后续数据字段的长度
数据字段	部分 APDU 数据
Le 字段	空或期望响应中的数据最大长度

在 T=0 下使用数据串命令传输数据字符串时,数据串命令中的 APDU 空数据字段表示数据字符串的结束。

数据串的响应报文详情见本小节中的“(19)状态字”的相关内容。

(12) 获取数据

获取数据命令用于检索当前上下文。例如,特定于应用程序的环境或当前 DF 中的一个基本数据对象,或者检索构造数据对象中包含的一个或多个数据对象。表 6.31 所列为获取数据命令格式说明。

表 6.31　获取数据命令格式说明

参　数	说　明
CLA	0x00 或者 0x04
INS	0xCA
P1,P2	0x0000～0x003F:保留供将来使用; 0x0040～0x00FF:P2 中的 BER-TLV 标签(1 字节); 0x0100～0x01FF:应用数据(专有编码); 0x0200～0x02FF:P2 中的简单 TLV 标签;

续表 6.31

参 数	说 明
P1,P2	0x0300～0x3FFF:保留供将来使用; 0x0400～0xFFFF:P1,P2 中的 BER-TLV 标签(2 字节)
Lc 字段	空
数据字段	空
Le 字段	响应时期望的字节数

获取数据命令的响应报文详情见本小节中的“(19)状态字”的相关内容。

(13) 写 EF 文件

写 EF 文件命令将二进制值写入 EF 文件中,根据文件属性,命令将执行以下操作之一:第一,在 APDU 命令中直接对在 SE 安全芯片中已经存在的位进行逻辑或运算,即文件位的逻辑擦除状态为 0;第二,在 APDU 命令中直接对在 SE 安全芯片中已经存在的位进行逻辑和运算,即文件位的逻辑擦除状态为 1;第三,在 SE 安全芯片中一次性写入命令 APDU 的数据。当数据编码字节中未给出任何指示时,应采用逻辑或行为。表 6.32 所列为写 EF 文件命令格式说明。

表 6.32　写 EF 文件命令格式说明

参 数	说 明
CLA	0x00 或者 0x04
INS	0xD0
P1,P2	如果 P1 中的 b7 等于 1,那么 b6～b5 被设置为 0,即为预留位,P1 中的 b4～b0 位是一个简短的 EF 标识符,P2 是从文件开始以数据单元写入的第一个字节的偏移量;如果 P1 中的 b7 等于 0 时,那么 P1‖P2 就是从文件开始以数据单元写入的第一个字节的偏移量
Lc 字段	后续数据字段的长度
数据字段	待写的数据单元串
Le 字段	空

写 EF 文件命令的响应报文详情见本小节中的“(19)状态字”的相关内容。

(14) 写记录

写记录命令报文启动下列操作之一:第一,记录一次写入;第二,一个记录的逻辑字节与已经出现在 SE 安全芯片上的数据字节进行或操作;第三,一个记录的逻辑字节与已经出现在 SE 安全芯片上的数据字节进行和操作。当数据编码字节中未给出任何指示时,应采用逻辑或操作。当使用当前记录寻址时,命令应在成功写入的记录上设置记录指针地址。表 6.33 所列为写记录命令格式说明。

表 6.33　写记录命令格式说明

参　数	说　明
CLA	0x00 或者 0x04
INS	0xD2
P1,P2	P1:记录说明: 0x00:指当前记录; 其他值:指定的记录号。 P2:引用控制: 0000 0---b:当前选定的 EF; ×××× ×---b:短 EF 标识符; 1111 1---b:预留项; -- -- -000b:第一条记录; ---- -001b:最后一条记录; ---- -010b:下一条记录; ---- -011b:前一条记录; ---- -100b:记录号在参数 P1 中; 其他值:预留项
Lc 字段	后续数据字段的长度
数据字段	待写的记录
Le 字段	空

写记录命令的响应报文详情见本小节中的“(19)状态字”的相关内容。

(15) 更新 EF 文件

更新 EF 文件命令使用 APDU 命令对已经存在 SE 安全芯片中的位进行更新。表 6.34 所列为更新 EF 文件命令格式说明。

表 6.34　更新 EF 文件命令格式说明

参　数	说　明
CLA	0x00 或者 0x04
INS	0xD6
P1,P2	如果 P1 中的 b7 等于 1,那么 b5～b4 被设置为 0,即为预留位,P1 中的 b4～b0 位是一个简短的 EF 标识符,P2 是从文件开始以数据单元的形式更新的第一个字节的偏移量;如果 P1 中的 b7 等于 1,那么 P1‖P2 就是从文件开始以数据单元写入的第一个字节的偏移量

续表 6.34

参　数	说　明
Lc 字段	后续数据字段的长度
数据字段	待写的数据单元串
Le 字段	空

更新 EF 文件命令的响应报文详情见本小节中的"(19)状态字"的相关内容。

(16) 增加数据

增加数据命令用于存储当前上下文,例如特定于应用程序的环境或当前 DF 中构造的数据对象中包含的一个原始数据对象或一个或多个数据对象。准确地存储函数,写入一次、更新或者追加时都由数据对象的性质来决定。表 6.35 所列为增加数据命令格式说明。

表 6.35　增加数据命令格式说明

参　数	说　明
CLA	0x00 或者 0x04
INS	0xDA
P1,P2	0x0000～0x003F:保留供将来使用; 0x0040～0x00FF:P2 中的 BER-TLV 标签(1 字节); 0x0100～0x01FF:应用数据(专有编码); 0x0200～0x02FF:P2 中的简单 TLV 标签; 0x0300～0x3FFF:保留供将来使用; 0x0400～0xFFFF:P1,P2 中的 BER-TLV 标签(2 字节)
Lc 字段	后续数据字段的长度
数据字段	待写的参数和数据
Le 字段	空

增加数据命令的响应报文详情见本小节中的"(19)状态字"的相关内容。

(17) 更新记录

启动使用更新记录命令给定的位启动特定记录的更新,当使用当前记录寻址时,命令应在成功更新的记录上设置记录指针。表 6.36 所列为更新记录命令格式说明。

表 6.36　更新记录命令格式说明

参　数	说　明
CLA	0x00 或者 0x04
INS	0xDC
P1,P2	P1:记录说明: 0x00:指当前记录; 其他值:指定的记录号。 P2:引用控制: 0000 0---b:当前选定的 EF; ×××× ×---b:短 EF 标识符; 1111 1---b:预留项 ; -- -- -000b:第一条记录; ---- -001b:最后一条记录; ---- -010b:下一条记录; ---- -011b:前一条记录; ---- -100b:记录号在参数 P1 中; 其他值:预留项
Lc 字段	后续数据字段的长度
数据字段	待更新的记录
Le 字段	空

更新记录命令的响应报文详情见本小节中的"(19)状态字"的相关内容。

(18) 追加记录

追加记录命令要么在线性结构的 EF 结尾追加一条记录,要么在循环结构的 EF 中写入记录,命令将在成功添加的记录上设置记录指针。表 6.37 所列为追加记录命令格式说明。

表 6.37　追加记录命令格式说明

参　数	说　明
CLA	00x04
INS	0xE2
P1,P2	只有 P1 等于 0x00 是有效的。 P2:引用控制; 0000 0000b:当前选定的 EF;

续表 6.37

参　数	说　明
P1,P2	×××× ×000b:短 EF 标识符; 1111 1000b:预留项; 其他值:预留项
Lc 字段	后续数据字段的长度
数据字段	待添加的记录
Le 字段	空

追加记录命令的响应报文详情见本小节中的"(19)状态字"的相关内容。

(19) 状态字

ISO/IEC 7816-4 规范中定义的状态字 SW1,SW2 的数据格式编码如表 6.38 所列。

表 6.38　ISO/IEC 7816-4 规范所定义状态字 SW1,SW2 的数据格式编码说明

SW1,SW2	注　释
正常处理(normal processing)	
0x9000	无错误
0x61××	0x6100～0x61FF 为处理响应正常
有异常信息(warning processing)	
0x62××	SW2 注释: 0x00:无有效信息说明; 0x02～0x80:应检索 SW2 可能期望得到的响应是什么; 0x81:部分返回的数据可能已损坏; 0x82:文件/记录在读取 Le 字节之前结束; 0x83:选择文件无效; 0x84:FCI 格式不符合标准; 0x85:选择的文件处于终止状态; 0x86:无法对传感器卡片输入数据
0x63××	SW2 注释: 0x00:无有效信息说明; 0x81:文件在上次写入时填满; 0xC×:由"×"提供的计数器,取值范围值从 0 到 15,具体含义取决于命令

续表 6.38

SW1,SW2	注　释
执行错误(execution error)	
0x64××	SW2 注释： 0x00：非易失性内存状态不变； 0x01：卡片要求立即回复； 0x02：应检索 SW2 可能期望得到的响应是什么； 其他：预留项
0x65××	SW2 注释： 0x00：无有效信息说明； 0x81：内存故障
0x66××	预留给与安全有关的问题，ISO/IEC 7816 对本部分未作定义
检验错误(checking error)	
0x6700	错误长度(wrong length)
0x68××	SW2 注释： 0x00：无有效信息说明； 0x81：逻辑通道不支持； 0x82：安全信息不支持； 0x83：链的最后一个命令不符合； 0x84：命令链不支持
0x69××	SW2 注释： 0x00：无有效信息说明； 0x81：命令与文件结构不兼容； 0x82：安全状态不满足； 0x83：身份验证方法被阻止； 0x84：引用的数据无效； 0x85：使用条件不满足； 0x86：没有当前 EF，命令不允许； 0x87：缺少预期的安全信息数据对象； 0x88：安全信息数据对象不正确

续表 6.38

SW1,SW2	注　释
0x6A××	SW2 注释： 0x00：无有效信息说明； 0x80：数据字段中的参数不正确； 0x81：功能不支持； 0x82：文件没找到； 0x83：记录没找到； 0x84：文件中内存不足； 0x85：Lc 与 TLV 结构不一致； 0x86：P1，P2 参数不正确； 0x87：Lc 与 P1，P2 不一致； 0x88：引用数据未找到
0x6B00	P1，P2 参数错误（Wrong parameter P1，P2）
0x6C××	长度错误 Le，SW2 表示准确长度
0x6D00	不支持或无效的指令码
0x6E00	指令类不支持
0x6F00	没有精确的错误信息

6.1.2　GP 应用协议数据单元格式

在 6.1.1 小节中介绍的 APDU，原定义是全部针对接触式智能卡片的 ISO/IEC 7816 的规范设计，后来非接触式标准 ISO/IEC 14443 中主机端与 SE 安全芯片之间的通信也沿用了该应用协议数据单元格式，可以说，在绝大部分的数据格式标准中都已涵盖了上述基本命令，但是即便如此，还是有些支持跨平台和 Java 系统中的新型命令需要进行相关的扩展或者新增。所以，本小节将介绍支持 GP 规范的 APDU 格式。

以 GP APDU 格式定义的所有命令的指令类字节都应符合 ISO/IEC 7816－4 标准，对于接触式智能卡片，ISO/IEC 7816 标准的 APDU 指令类以 0x0 开头（这里不包括定义的私有数据格式），而以 GP APDU 格式定义的 APDU 指令类则以 0x8 开头，对于发送到基本逻辑通道 0 和补充逻辑通道 1、2 和 3 的命令，应按照表 6.39 进行编码。

表 6.39 GP APDU 格式指令类的编码规则——逻辑通道 0～3

b7	b6	b5	b4	b3	b2	b1	b0	说 明
0	0	0	0	—	—	—	—	接触式智能卡片的 ISO/IEC 7816 标准的 APDU 指令类
1	0	0	0	—	—	—	—	GP APDU 格式定义的 APDU 指令类
—	0	0	0	0	0	—	—	非安全信息
—	0	0	0	0	1	—	—	GP 定义的私有安全信息
—	0	0	0	1	0	—	—	ISO/IEC 7816 定义的安全信息：APDU 命令头未进行加密
—	0	0	0	1	1	—	—	ISO/IEC 7816 定义的安全信息：APDU 命令头一起加密
—	0	0	0	—	—	×	×	逻辑通道号(00,01,02,03)

根据表 6.39 可以设置指令类字节位的 b0 和 b1，来确定 ISO/IEC 7816 所定义的逻辑通道号。当指令类字节位的 b0 和 b1 设置为 00 时，表示在基本逻辑通道上接收到命令；当指令类字节位的 b0 和 b1 设置为 01(1)、10(2)或 11(3)时，表示在一个补充逻辑通道上接收到命令。根据 ISO/IEC 7816－4 的定义，可以通过设置指令类字节位的 b3 和 b2 来定义所需的安全消息传递，当位 b3 和 b2 设置为 00 的指令类字节时，表示没有安全消息传递；当位 b3 和 b2 设置为 01 的指令类字节时，表示使用 GP 格式的安全消息传递；当位 b3 和 b2 设置为 11 或 10 的指令类字节时，表示采用 ISO/IEC 7816－4 格式的安全消息传递。

上面介绍的是支持逻辑通道 0～3 的类型，对于实现 4 个或更多补充逻辑通道的 SE 安全芯片，其补充逻辑通道 4～19 的所有命令的类字节都应按照表 6.40 进行编码。

表 6.40 GP APDU 格式指令类的编码规则——逻辑通道 4～19

b7	b6	b5	b4	b3	b2	b1	b0	说 明
0	1	—	0	—	—	—	—	接触式智能卡片的 ISO/IEC 7816 标准的 APDU 指令类
1	1	—	0	—	—	—	—	GP APDU 格式所定义的 APDU 指令类
—	1	0	0	—	—	—	—	非安全信息
—	1	1	0	—	—	—	—	GP 或者 ISO/IEC 7816 标准定义的私有安全信息
—	1	—	0	×	×	×	×	逻辑通道号(0000b～1111b)

指令类字节位 b0～b3 可以设置为根据 ISO/IEC 7816 定义所需的逻辑通道号，当位 b6 设置为 1 的指令类字节时，将会在位 b3 到 b0 中表示在补充逻辑通道 4～19 上所收到的命令。当指令类字节位 b5 设置为根据 ISO/IEC 7816－4 或专有的 GP 格式定义所需的安全消息传递时，将 b5 位设置为 0 的指令类字节表示没有安全消息传递，将 b5 位设置为 1 的指令类字节表示使用 GP 格式或 ISO/IEC 7816－4 格式的安全消息传递。

所有 GP 规范中定义的 APDU 消息和长度元素都以字节为单位计算，所有 GP 命令都符合 ISO/IEC 7816 短消息长度格式，即 Lc 和 Le 字节编码在一个字节上；所有 GP 命令消息，包括 APDU 报头的长度，都限制为 255 字节；所有期望响应数据的 GP 命令都将 Le 字节设置为 0，这表明应返回所有可用的响应数据。根据 ISO/IEC 7816－4，APDU 响应消息中返回的所有 GP 响应最大长度为 256 字节。在 GP 消息的所有长度字段和规范中定义的数据对象中，Lc 和 Le 使用的是 ISO/IEC 8825－1 规范定义的 ASN 1 BER-TLV 编码，1 字节长度为 127，2 字节长度为 255 以及 3 字节长度为 65 535。

GP 规范编写的大多数命令函数都可以通过单个 APDU 命令和响应对来处理，这样做是为了简化描述，并不是为了排除使用多个命令而提供这样一个机制。例如 GP 的更多命令在 P1 字节和状态字节之间进行控制额外的返回数据，以及命令和响应的数据链等。

在 GP 规范中新定义的 INS 指令代码如表 6.41 所列。

表 6.41　GP 规范中新定义的 INS 指令代码

指令码	命令名	命令运行的最小安全要求
0xE4	删除(DELETE)	启动安全通道或数字签名验证
0xCA 或者 0xCB	获取数据(GET DATA)	无
0xF2	获取状态(GET STATUS)	启动安全通道
0xE6	安装(INSTALL)	启动安全通道或数字签名验证
0xE8	加载(LOAD)	启动安全通道或数字签名验证
0x70	逻辑通道管理(MANAGE CHANNEL)	无
0xD8	更新密钥(PUT KEY)	启动安全通道

续表 6.41

指令码	命令名	命令运行的最小安全要求
0xA4	选择(SELECT)	无
0xF0	设置状态(SET STATUS)	启动安全通道
0xE2	存储数据(STORE DATA)	启动安全通道

由表 6.41 可知，有些命令与 ISO/IEC 7816－4 定义的重复，其中 GP 规范的逻辑通道管理命令与 ISO/IEC 7816－4 所定义的指令代码也是一样的，只是命令上有所升级和新的定义；获取数据命令比 ISO/IEC 7816－4 定义的指令码多了 0xCB；当 ISO/IEC 7816－4 定义的指令码为 0xA4 时为选择文件命令，而在 GP 规范中则为选择命令。除去这几个命令外，还新增了部分命令，下面将具体介绍表 6.41 中 GP 规范所特有的命令集。

1. 删　除

删除命令用于删除唯一可识别的对象，如可执行加载文件、应用程序、可执行加载文件及其相关应用程序或密钥等。若要删除对象，则所选应用程序必须能唯一识别该对象。表 6.42 所列为删除命令格式说明

表 6.42　删除命令格式说明

参　数	说　明
CLA	0x80～0x8F、0xC0～0xCF 或者 0xE0～0xEF
INS	0xE4
P1，P2	P1：参考控制： 0--- ----b：表示最后一个命令或只有当前命令； 1--- ----b：还有后续更多的命令数据； -××× ××××b：预留项。 P2：引用控制： 0--- ----b：删除对象； 1--- ----b：删除对象以及与对象相关的任何数据； -××× ××××b：预留项
Lc 字段	后续数据字段的长度
数据字段	TLV 编码的对象(如果有 MAC，那么 TLV 数据体后也会跟随)
Le 字段	空(0x00)

引用控制参数 P1 允许命令数据长度大于 255 字节，允许分割成任意大小的组件，并且可以在一系列删除命令中传输。P1 参数表示命令数据是连续数据包序列中的一个，还是最后一个或者唯一的组件。引用控制参数 P2 是指是否删除数据字段中的对象，或者是否删除数据字段中的对象及其相关对象。

删除 SE 安全芯片数据字段，是在删除应用程序或可执行的加载文件辅助文件之后，可以跟随一个用于数字签名的控制参考模板和一个删除令牌，具体命令的数据体格式模板如表 6.43 所列。

表 6.43　删除命令的 TLV 数据体格式

标　签	长度/字节	注　释	要　求
0x4F	5～16	可执行删除加载文件或应用程序	强制
0xB6	可变	控制参考模板的数字签名	有条件
0x42	1～n	具有令牌验证特权的安全域的标识号	选项
0x45	1～n	具有令牌验证特权的安全域的映像号	选项
0x5F20	1～n	应用程序提供者标识符	选项
0x93	1～n	令牌标识符/号码(数字签名位)	有条件
0x9E	1～n	删除令牌	有条件

要删除的应用程序或可执行加载文件的标识应使用辅助标记 0x4F，后面加上长度和应用程序或可执行加载文件的 AID，当同时删除可执行加载文件及其所有相关应用程序时，只需要提供可执行加载文件的标识；数字签名和删除令牌的控制参考模板的存在取决于发卡方的策略。在使用安全通道 SCP10 协议时，强烈建议使用标记 0xB6 以及子标记“0x42”、“0x45”、“0x5F20”和“0x93”中的数据对象。数字签名的控制参考模板和删除令牌的长度字段按照 ISO/IEC 8825－1 定义的 ASN.1 BER-TLV 进行编码。

删除命令的响应报文详情如表 6.44 所列。

表 6.44　删除命令的响应报文格式

参　数	说　明
数据字段	如果 P1，P2 等于 0x0000，则此字段为逻辑通道号； 如果 P1，P2 不等于 0x0000，则此字段为空
SW1，SW2	状态字节，用来说明指令执行是否出错，是什么原因出错： 0x9000：操作成功； 0x6581：内存出错；

续表 6.44

参　数	说　明
SW1,SW2	0x6A88:未找到参考数据; 0x6A82:应用未找到; 0x6A80:命令数据中不正确的值

2. 获取数据

获取命令用于检索可能被构造的单个数据对象或一组数据对象,引用控制参数 P1 和 P2 编码用于定义特定的数据对象标记,数据对象可以包含与密钥相关的信息。表 6.45 所列为获取命令格式说明。

表 6.45　获取命令格式说明

参　数	说　明
CLA	0x00～0x0F 0x40～0x4F 0x60～0x6F 0x80～0x8F 0xC0～0xCF 0xE0～0xEF
INS	0xCA 或者 0xCB。如果 CLA 等于 0x00～0x0F、0x40～0x4F、0x60～0x6F,那么 INS 可以为偶数或奇数指令码 0xCA 或 0xCB;如果 CLA 等于 0x80～0x8F、0xC0～0xCF、0xE0～0xEF,那么 INS 为偶数指令码 0xCA
P1,P2	P1:0x00 或高阶标签值; P2:低阶标签值
Lc 字段	如果没有命令数据或数据字段的长度,则不显示
数据字段	TLV 列表(如果有 MAC,那么 TLV 数据体后也会跟随)
Le 字段	空(0x00)

根据 ISO/IEC 7816－4 的定义,奇数指令码 0xCB 与表示 ISO 命令的 CLA 设置为 0x00～0x0F、0x40～0x4F 或者 0x60～0x6F 的指令类字节,一起用于检索文件的内容,参数 P1 和 P2 定义了要读取的数据对象的标记。例如,将 P1,P2 设置为 0x2F00 时,表示要求获取 ISO/IEC 7816-4 中定义的该 SE 安全芯片上的应用程序的详细信息。

如果指令类字节表示 GP 命令,则指令码应设置为 0xCA,指令类 CLA 应设置为

0x80～0x8F、0xC0～0xCF 或者 0xE0～0xEF；当指令类字节表示一个 ISO 命令时，指令码应设置为 0xCB，指令类 CLA 应设置为 0x80～0x8F、0xC0～0xCF 或者 0xE0～0xEF。

对于一个支持 GP 规范的安全域，至少应支持以下数据对象标记：

- 当标签值为 0x42 时，为发行者标识号或安全域提供者标识号；
- 当标签值为 0x45 时，为卡片映像号（card image number）或安全域映像号（security domain image number）；
- 当标签值为 0x66 时，为卡片数据（card data）或者安全域管理数据（security domain management data）；
- 标签值为 0xE0 时，为关键信息模板。

对于一个支持 GP 规范的安全，应持以下数据对象标记：

- 当标签值为 0xD3 时，为当前安全的级别；
- 标签值为 0x2F00 时，为属于安全域的应用程序列表，如果安全域具有全局注册权限，则为卡上的每个应用程序列表；
- 标签值为 0xFF21 时，为扩展卡资源信息，可用于卡内容管理，在 SE 安全芯片中，用于基于 UICC 应用程序的 APDU 结构（ETSI TS 102 226）标准。

具有生成接收权限的安全域应支持以下附加数据对象标记：

- 当标签值为 0xC2 时，为计数器确认。

支持安全通道协议 0x02 的安全域应支持以下数据对象标记：

- 当标签值为 0xC1 时，为默认密钥版本号的序列计数器，但是对于只支持安全通道协议 0x01 的安全域，当检索默认密钥版本号时，其标记为 0xC1 的序列计数器的尝试都将被拒绝。

在获取命令的消息中发送的数据字段，除非需要标记列表或者 MAC 值，否则消息的数据字段应为空。若要检索 SE 安全芯片上的应用程序列表，则 P1，P2 应设置为 0x2F00，并且将标记列表编码为 0x5C00。

对于在响应消息中返回的数据字段，当类字节指示 GP 专有命令（b7＝1）时，获取命令响应数据字段应包含命令消息的引用控制参数 P1 和 P2 中所引用的 TLV 编码数据对象的值，但 P1，P2 设置为“0x2F00”的情况除外。

如果类字节指示 ISO 命令（b7＝0），则获取命令响应数据字段应仅包含命令消息的引用控制参数 P1 和 P2 中所引用的 TLV 编码数据对象的值，但 P1，P2 设置为“0x2F00”的情况除外。

当检索当前所选应用程序的密钥信息时，将在模板“0xE0”中返回密钥信息，其中每个密钥信息数据对象都由标记“0xC0”引入。它的结构取决于密钥的类型。如果密钥类型编码在一个字节上，那么值不能是 0xFF。密钥信息基本类型的数据结构如表 6.46 所列。

表 6.46　密钥信息基本类型的数据结构

名　称	长度/字节	键　值	要　求
密钥识别符	1	密钥标识符值	强制
密钥版本号	1	密钥版本号值	强制
密钥类型的第一个(或唯一)组件	1	0x00～0xFF	强制
第一个(或唯一)密钥的长度	1	0x01～0xFF	强制
…	…	…	…
最后一个密钥组件的类型	1	0x00～0xFF	有条件
最后一个密钥组件的长度	1	0x01～0xFF	有条件

表 6.46 中密钥类型组件的键值可以从 0x00 到 0xFF，它们所代表的含义见表 6.47。

表 6.47　密钥类型组件的键值含义

键　值	注　释
0x00～0x7F	预留为私有用途
0x80	DES 算法，包括 ECB 或者 CBC 模式
0x81	预留为 3DES
0x82	3DES 的 CBC 模式
0x83	DES 的 ECB 模式
0x84	DES 的 CBC 模式
0x85～0x87	预留为对称算法
0x88	AES 16、24 或者 32 字节的密钥长度
0x89～0x8F	预留为对称算法
0x90	HMAC - SHA1，HMAC 的长度为已知
0x91	HMAC - SHA1，HMAC 的长度为 160 比特
0x92～0x9F	预留为对称算法
0xA0	RSA 公钥-公开指数 e 分量(明文)
0xA1	RSA 公钥-模量 N 分量(明文)
0xA2	RSA 私钥-模量 N 分量

续表 6.47

键 值	注 释
0xA3	RSA 私钥-私有指数 d 分量
0xA4	RSA 私钥-余 P 分量
0xA5	RSA 私钥-余 Q 分量
0xA6	RSA 私钥-余 PQ 分量 ((q−1) mod p)
0xA7	RSA 私钥-余 DP1 分量 (d mod(p−1))
0xA8	RSA 私钥-余 DQ1 分量 (d mod(q−1))
0xA9～0xFE	预留为非对称算法
0xFF	扩展格式

如果密钥类型编码为两字节,并且第一个字节为 0xFF,那么此密钥信息扩展类型的数据结构如表 6.48 所列。

表 6.48 密钥信息扩展类型的数据结构

名 称	长度/字节	键 值	要 求
密钥识别符	1	密钥标识符值	强制
密钥版本号	1	密钥版本号值	强制
密钥类型的第一个(或唯一)组件	2	0xFF00～0xFFFF	强制
第一个(或唯一)密钥的长度	2	0x0001～0x7FFF	强制
…	…	…	…
最后一个密钥组件的类型	2	0xFF00～0xFFFF	有条件
最后一个密钥组件的长度	2	0x0001～0x7FFF	有条件
密钥使用的时间	1	0x00～0x01	强制
密钥用途	0 或者 1	1××× ××××b：验证(DST, CCT, CAT),加密(CT); ×1×× ××××b：计算(DST, CCT, CAT),解码(CT); ××1× ××××b：响应数据字段中的安全消息传递(CT, CCT); ×××1 ××××b：命令数据字段中的安全消息传递(CT, CCT); ×××× 1×××b：保密(CT); ×××× ×1××b：密码校验和(CCT); ×××× ××1×b：数字签名(DST); ×××× ×××1b：加密授权(CAT)	有条件

续表 6.48

名　称	长度/字节	键　值	要　求
密钥存取的长度	1	0x00～0x01	强制
密钥存取	0 或者 1	0x00：此密钥可由安全域和任何相关应用程序使用； 0x01：密钥只能由安全域使用； 0x02：与安全域关联的任何应用程序都可以使用该密钥，但安全域本身不能使用该密钥； 0x03～0x1F：预留用途； 0x20～0xFE：私有用途； 0xFF：不可用	有条件

密钥用途和密钥存取两方面取决于在 SE 芯片上加载密钥时提供的数据，当检索带有 0xFF21 标签的扩展卡资源信息时，响应应按照 ETSI TS 102 226 中定义的方式进行编码；当检索 SE 芯片上的应用程序列表时，响应应被编码为 ISO/IEC 7816-4 中定义的一系列标记为 0x61 的应用程序模板数据对象。响应的列表格式如表 6.49 所列。

表 6.49　SE 安全芯片上的应用程序响应列表

标　签	长度/字节	注　释	要　求
0x61	7～n	应用程序的模板	强制
0x4F	5～16	应用程序 AID	强制
…	…	…	
0x61	7～n	应用程序的模板	强制
0x4F	5～16	应用程序 AID	强制
…	…	…	

对于在响应消息中返回的处理状态，命令的成功执行应由状态字节 0x9000 表示，此命令可以返回一般错误条件，也可以返回表 6.50 所列的错误信息。获取命令的响应报文详情见表 6.50 中状态字(SW1,SW2)的数据格式编码说明。

表 6.50 获取命令的响应报文格式

参 数	说 明
SW1,SW2	状态字节,用来说明指令执行是否出错,是什么原因出错。 0x9000:操作成功; 0x6A88:未找到参考数据

3. 获取状态

获取状态命令用于根据给定的匹配或者搜索条件检索发行者的安全域、可执行加载文件、可执行模块、应用程序或安全域生命周期状态信息。表 6.51 所列为获取状态命令的格式。

表 6.51 获取状态命令的格式

参 数	说 明
CLA	0x80～0x8F 0xC0～0xCF 0xE0～0xEF
INS	0xF2
P1,P2	P1:用于选择响应消息中包含的状态子集。 1--- ----b:主控安全域; -1-- ----b:应用程序,包括安全域; --1- ----b:可执行加载文件; ---1 ----b:可执行加载文件和可执行模块; ---- ××××b:预留项。 P2:用于连续获取状态命令的数量。 ×××× ××--b:预留项; ---- ---0b:获取第一个或所有事件; ---- ---1b:获取下一个事件; ---- --0-b:弃用(响应数据有格式要求); ---- --1-b:响应数据有格式要求
Lc 字段	数据体的长度
数据字段	TLV 列表(如果有 MAC,那么 TLV 数据体后也会跟随)
Le 字段	空(0x00)

引用控制参数 P1 用于选择响应消息中包含的状态子集,此参考控制参数值分别对应的含义为:

— 0x80，主控安全域，在这种情况下，将忽略搜索条件，只返回主控安全域信息。

— 0x40，只适用于应用程序和辅助安全域的范畴。

— 0x20，只为可执行加载文件。

— 0x10，只为可执行加载文件或者其相关联的可执行模块。

— 0x00～0x0F，为预留项。

此处安全域和应用程序的区分是通过特权实现的。

引用控制参数 P2 为连续获取状态命令的数量，并指示响应消息的格式，如果在当前应用程序会话中没有收到先前的获取状态命令，则该命令将被拒绝；如果处于检索主控安全域的状态，也应拒绝获取下一个事件。

获取状态命令的数据字段应至少包含一个 TLV 编码的搜索限定符 AID，其标记为 0x4F，可以使用 0x4F 和 0x00 的搜索条件来搜索所有匹配选择条件的匹配项。另外，用同样的 RID 搜索所有的事件也是可以的，还可以添加其他搜索条件。在这种情况下，附加的搜索条件应采用 TLV 编码，并附加在强制搜索条件的标签 0x4F 之后。如果 SE 安全芯片不支持，则将忽略其他的搜索条件，搜索仅限于与接收命令的 SE 安全芯片上的实体直接或间接关联的可执行加载文件、应用程序和安全域。当接收命令的安全芯片上的实体具有全局注册中心特权时，搜索将应用于在 GP 注册的所有可执行加载文件、应用程序和安全域。

当标签列表为 0x5C 时，向安全芯片指示如何为匹配搜索条件的每个实体构造响应数据，它的指示响应中的数据对象包含一系列不带分隔的标记，如果在 GP 注册表中发现与搜索条件相匹配的实体，但没有对应的数据对象，则返回错误状态。标签列表只能在引用控制参数 P2 指示 TLV 编码响应时出现，即 P2 的 b1 位设置为 1 时，如果安全芯片不支持，则忽略标签列表。获取状态命令数据字段的结构如表 6.52 所列。

表 6.52 获取状态命令数据字段的结构

标 签	长度/字节	说 明	要 求
0x4F	0～16	应用程序 AID	强制
××b 或者××××b	0～n	其他搜索条件	可选
…	…	…	…
0x5C	1～n	标签列表	可选

对于在响应消息中返回的数据字段，根据获取状态命令数据字段的搜索条件和引用控制参数 P1 和 P2 的选择条件，可以返回表 6.53 中多次出现的数据结构。

表 6.53　主控安全域、应用程序和可执行加载文件的信息数据

名　称	长度/字节	键　值	要　求
AID 的长度	1	0x05～0x10	强制
应用程序的 AID	5～16	AID 命名规则数据	强制
生命周期状态	1	可执行加载文件生命周期编码： 0x01：已装载模式。 应用程序生命周期编码： 0x03：已安装模式； 0x07：可选择模式； 0x07～0x7F：应用程序的特定状态； 0x83：已锁定模式。 安全域生命周期编码： 0x03：已安装模式； 0x07：可选择模式； 0x0F：已个人化模式； 0x83：已锁定模式； 卡片生命周期编码： 0x01：运行环境准备就绪状态； 0x07：已初始化； 0x0F：安全模式； 0x7F：卡片锁定模式； 0xFF：生命周期终止模式	强制
特权	1	0x80：安全域； 0xC0：DAP 验证； 0xA0：委托管理； 0x10：SE 安全芯片锁定； 0x08：SE 安全芯片注销； 0x04：SE 安全芯片复位； 0x02：CVM 管理； 0xC1：强制 DAP 验证	强制

获取状态命令的响应报文详情见表6.54中状态字(SW1,SW2)的数据格式编码说明。

表6.54　为获取状态命令的响应报文格式

参　数	说　明
SW1 - SW2	状态字节,用来说明指令执行是否出错,是什么原因出错。 0x6310:后续有更多有效数据; 0x6A88:未找到参考数据; 0x6A80:命令中有无效值

4. 安　装

向安全域发出安装命令,以启动或执行卡片内容管理所需的步骤。表6.55所列为安装命令的格式。

表6.55　安装命令的格式

参　数	说　明
CLA	0x80～0x8F 0xC0～0xCF 0xE0～0xEF
INS	0xE6
P1,P2	P1:特定角色。 P2:低价标签值。 0x00:表示没有提供任何信息; 0x01:表示组合加载、安装和选择过程的开始; 0x03:表示组合加载、安装和选择过程的结束
Lc字段	数据字段的长度
数据字段	安装数据体(如果有MAC,那么TLV数据体后也会跟随)
Le字段	空(0x00)

引用控制参数P1,为安装命令定义的特定角色,允许命令数据长度超过255字节,并且可以分割成任意组件,以及在一系列安装命令中进行传输。它是根据表6.56进行编码的。

表 6.56　安装命令引用控制参数 P1

b7	b6	b5	b4	b3	b2	b1	b0	说　明
0	—	—	—	—	—	—	—	最后的或仅有的一个命令
1	—	—	—	—	—	—	—	更多的安装命令
—	1	0	0	0	0	0	0	注册更新
—	0	1	0	0	0	0	0	个人化
—	0	0	1	0	0	0	0	迁移
—	0	0	0	1	—	—	0	可选择
—	0	0	0	—	1	—	0	安装
—	0	0	0	—	—	1	0	加载

b7～b0 的编码说明如下：

- 当 b7＝1 时，表示命令数据是一个组件序列，而不是最后一个；当 b7＝0 时，表示它是最后或者唯一的一个组件。
- 当 b6＝1 时，表示要更新 GP 注册表，或者要限制函数。
- 当 b5＝1 时，表示当前选择的安全域将个性化其关联的一个应用程序，并预期会有后续的存储数据命令。
- 当 b4＝1 时，表示申请应被迁移。
- 当 b3＝1 时，表示申请可选择，这适用于正在安装的应用程序或已经安装的应用程序。
- 当 b2＝1 时，表示需要安装应用程序。
- 当 b1＝1 时，表示文件需要加载，预期会有连续 LOAD 命令。

此命令可以应用安装(for install)和选择(for make selectable)这两个选项的组合，也可以应用加载(for load)、安装(for install)和选择(for make selectable)这 3 个选项的组合。

在命令消息中发送的数据字段，包含 LV 编码的数据，注意其 LV 编码的数据没有分隔符。

表 6.57 详细说明了加载安装命令(install for load)的数据字段格式，它也适用于加载、安装和选择这 3 个组合安装命令的数据字段。

表 6.57 加载安装命令数据字段的格式

名称	长度/字节	键值	要求
加载文件 AID 长度	1	0x05～0x10	强制
加载文件的 AID	5～16	…	强制
安全域 AID 的长度	1	0x00 或者 0x05～0x10	强制
安全域的 AID	0 或者 5～16	…	有条件
加载文件数据块 HASH 的长度	1	0x00～0x7F	强制
加载文件数据块的 HASH	0～n	…	有条件
加载文件参数字段的长度	1～2	0x00～0x7F 或者 0x8180～0x81FF	强制
加载文件参数域	0～n	…	有条件
加载文件令牌的长度	1～3	0x00～0x80， 0x8180～0x81FF， 0x820100～0x82FFFF	强制
加载文件的令牌	0～n	…	有条件

对于委托管理，除了组合的(加载、安装和选择)命令和授权管理外，如果 off-card 实体不是主控安全域，Load 令牌是强制性的，在所有其他情况下出现 Load 令牌，则应返回错误状态。其中，Load 令牌的长度字段为 ISO/IEC 8825－1 标准中所定义的 ASN.1 BER－TLV 格式，并且长度为 128 字节时可以在一个字节上进行编码，为 0x80。如果 Load 令牌存在，或者加载文件中包含一个或多个 DAP 块，则加载文件数据块 HASH 是必需的；在所有其他情况下，加载文件数据块 HASH 是可选的，可以由 SE 安全芯片进行验证。加载文件 AID 和加载文件参数应与加载文件数据块中包含的信息一致。

表 6.58 详细说明了安装命令的数据字段，它也适用于加载、安装和选择的组合安装命令的数据字段。

表 6.58 安装命令数据字段的格式

名称	长度/字节	键值	要求
可执行加载文件的长度	1	0x00 或 0x05～0x10	强制
可执行加载文件 AID	0 或 5～16	…	有条件
可执行模块的长度	1	0x00 或 0x05～0x10	强制
可执行模块的 AID	0 或 5～16	…	有条件

续表 6.58

名　称	长度/字节	键　值	要　求
应用程序 AID 的长度	1	0x05～0x10	强制
应用程序 AID	5～16	…	强制
特权的长度	1	0x01,0x03	强制
特权	1,3	Byte 1： 0x80:安全域； 0xC0:DAP 验证； 0xA0:委托管理； 0x10:SE 安全芯片锁定； 0x08:SE 安全芯片注销； 0x04:SE 安全芯片复位； 0x02:CVM 管理； 0xC1:强制 DAP 验证。 Byte 2： 0x80:信任路径； 0x40:授权管理； 0x20:令牌管理； 0x10:全部删除； 0x08:全局锁定； 0x04:全局注册； 0x02:最后请求； 0x01:全局服务。 Byte 3： 0x80:产生收据； 0x40:加密加载文件数据块； 0x20:激活非接触通道； 0x10:非接触通道自动激活； 0x00～0x0F:预留	强制
安装参数域的长度	1～2	0x02～0x7F,0x8180～0x81FF	强制
安装参数域	2～n	…	强制
安装的令牌长度	1～3	0x00～0x80,0x8180～0x81FF, 0x820100～0x82FFFF	强制
安装的令牌	0～n	…	有条件

对于委托管理和off-card实体不是安全域提供者的授权管理，安装令牌是强制性的；在所有其他情况下，如果存在安装令牌，则应返回错误状态；安装的令牌长度字段按照ISO/IEC 8825-1定义的AS N.1 BER-TLV标准进行格式化，当长度为128字节时可以在一个字节上编码，标识为0x80；对于加载、安装和生成可选命令组合，可执行加载文件AID是可选的操作，如果出现了，则匹配第一次组合的加载文件AID。

可执行模块的AID为之前加载进入到可执行模块的，可执行模块的存在取决于运行时环境的需求，特权的参数是必需的，如果应用程序只是被安装了，但却无法使用相同的安装命令进行选择，那么此应用程序也是无法设置芯片的重置权限的。另外，应用程序本身是知道辅助实例、特权特殊指定等的一些参数的。

表6.59详细说明了安装生成可选命令的数据字段。

表6.59 安装生成可选命令的数据字段的格式

名 称	长度/字节	键 值	要 求
数据长度	1	0x00	强制
数据长度	1	0x00	强制
应用程序AID长度	1	0x05～0x10	强制
应用程序AID	5～16	…	强制
特权的长度	1	0x01，0x03	强制
特权	1，3	Byte 1： 0x80：安全域； 0xC0：DAP验证； 0xA0：委托管理； 0x10：SE安全芯片锁定； 0x08：SE安全芯片注销； 0x04：SE安全芯片复位； 0x02：CVM管理； 0xC1：强制DAP验证。 Byte 2： 0x80：信任路径； 0x40：授权管理； 0x20：令牌管理； 0x10：全部删除；	强制

续表 6.59

名　称	长度/字节	键　值	要　求
特权	1.3	0x08:全局锁定; 0x04:全局注册; 0x02:最后请求; 0x01:全局服务。 Byte 3: 0x80:产生收据; 0x40:加密加载文件数据块; 0x20:激活非接触通道; 0x10:非接触通道自动激活; 0x00～0x0F:预留	强制
生成可选参数域的长度	1	0x00～0x7F	强制
生成可选参数域	0～n	…	有条件
生成可选令牌的长度	1～3	0x00～0x80,0x8180～0x81FF, 0x820100～0x82FFFF	强制
生成可选令牌	0～n	…	有条件

如果在特权字段中设置了芯片的重置权限,则 GP 注册表应根据特权中定义的规则进行更新;对于在特权字段中设置的任何其他权限,无论其长度如何,都将会被芯片忽略。

对于委托管理和 off-card 实体不是安全域提供者的授权管理,生成可选令牌是强制性的;在所有其他情况下,如果存在生成可选令牌,则应返回错误状态;生成可选的令牌长度字段按照 ISO/IEC 8825－1 定义的 AS N.1 BER-TLV 标准进行格式化,当长度为 128 字节时可以在一个字节上编码,标识为 0x80。

表 6.60 详细说明了安装迁移命令的数据字段。

表 6.60　安装迁移命令数据字段的格式

名　称	长度/字节	键　值	要　求
安全域 AID 的长度	1	0x05～0x10	强制
安全域 AID	5～16	…	强制
数据长度	1	0x00	强制
应用或可执行加载文件的 AID 长度	1	0x05～0x10	强制

续表 6.60

名　称	长度/字节	键　值	要　求
应用或可执行加载文件	5～16	…	强制
长度	1	0x00	强制
迁移参数域的长度	1	0x00～0x7F	强制
迁移参数域	0～n	…	有条件
迁移令牌的长度	1～3	0x00～0x80， 0x8180～0x81FF， 0x820100～0x82FFFF	强制
迁移令牌	0～n	…	有条件

安全域 AID 指示将此应用程序或可执行加载文件迁移到指定的安全域，当前与此应用程序或可执行加载文件关联的安全域为当前选定的应用程序，迁移令牌对于委托管理和 off-card 实体不是安全域提供者的授权管理是强制性的，在所有其他情况下，如果存在迁移令牌，则应返回错误状态。迁移令牌的长度字段按照 ISO/IEC 8825－1 定义的 AS N.1 BER-TLV 标准进行格式化，当长度为 128 字节时可以在一个字节上编码，标识为 0x80。

表 6.61 详细说明了安装注册更新命令的数据字段。

表 6.61　安装注册更新命令数据字段的格式

名　称	长度/字节	键　值	要　求
安全域 AID 的长度	1	0x00 或 0x05～0x10	强制
安全域 AID	0 或 5～16	…	有条件
数据长度	1	0x00	强制
应用程序 AID 的长度	1	0x00 或 0x05～0x10	强制
应用程序 AID	0 或 5～16	…	有条件
特权的长度	1	0x00，0x01，0x03	强制
特权	0，1，3	Byte 1： 0x80：安全域； 0xC0：DAP 验证； 0xA0：委托管理； 0x10：SE 安全芯片锁定； 0x08：SE 安全芯片注销； 0x04：SE 安全芯片复位；	有条件

续表 6.61

名　称	长度/字节	键　值	要　求
特权	0,1,3	0x02:CVM 管理； 0xC1:强制 DAP 验证。 Byte 2: 0x80:信任路径； 0x40:授权管理； 0x20:令牌管理； 0x10:全部删除； 0x08:全局锁定； 0x04:全局注册； 0x02:最后请求； 0x01:全局服务。 Byte 3: 0x80:产生收据； 0x40:加密加载文件数据块； 0x20:激活非接触通道； 0x10:非接触通道自动激活； 0x00～0x0F:预留	有条件
注册更新参数域的长度	1	0x00～0x7F	强制
注册更新参数域	0～n	…	有条件
注册更新令牌的长度	1～3	0x00～0x80,0x8180～0x81FF,0x82	强制

如果存在安全域 AID,则指示将此应用程序迁移到指定安全域。此应用程序的当前关联安全域是当前选定的应用程序,在修改 OPEN 的生命周期状态时,应用程序 AID 一定是需要的。若需要更新或撤消特权,则应提供特权字段;若要更新隐式选择参数或服务参数,则需要在注册更新参数域字段中显示相应的标记。

对于委托管理和 off-card 实体不是安全域提供者的授权管理,注册更新令牌是强制性的。在所有其他情况下,如果存在迁移令牌,则应返回错误状态。注册更新令牌的长度字段按照 ISO/IEC 8825－1 定义的 AS N.1 BER-TLV 标准进行格式化,当长度为 128 字节时可以在一个字节上编码,标识为 0x80。安装注册更新命令数据字段中要求所有修改信息为全部成功,期间由于任何原因造成的更新失败,都不会进行部分更新。

表 6.62 详细说明了安装个人化命令的数据字段。

表 6.62　安装个人化命令数据字段的格式

名　称	长度/字节	键　值	要　求
数据长度	1	0x00	强制
数据长度	1	0x00	强制
应用程序 AID 的长度	1	0x05～0x10	强制
应用程序 AID	5～16	…	强制
数据长度	1	0x00	强制
数据长度	1	0x00	强制
数据长度	1	0x00	强制

加载和安装参数字段是 TLV 结构化值，包括可选的系统特定参数和应用程序特定参数，虽然系统特定参数的存在对于加载和安装都是可选的，但即使它们存在，也不要求系统注意这些参数，即它们的存在是可以预见的，但内容可能会被忽略。在所有情况下，当使用非对称安全通道协议 SCP10 时，强烈建议标签设置为 0xB6，以及子标签 0x42、0x45、0x5F20 和 0x93 存在数据对象中。

表 6.63 列出了安装加载命令参数字段中可能使用的标签。

表 6.63　安装加载命令参数的标签

标　签	长度/字节	键　值	要　求
0xEF	1～n	系统特定参数	有条件
0xC6	2 或 4	非易失性代码最低内存要求	可选
0xC7	2 或 4	易失性数据最小内存要求	可选
0xC8	2 或 4	非易失性数据最低内存要求	可选
0xCD	1	加载文件数据块格式 id	可选
0xDD	1～n	加载文件数据块参数	有条件
0xB6	1～n	数字签名控制参考模板（令牌）	有条件
0x42	1～n	具有令牌验证特权的安全域的标识号	可选
0x45	1～n	具有令牌验证特权的安全域的映像号	可选
0x5F20	1～n	应用程序提供者标识符	可选
0x93	1～n	令牌标识符/号码（数字签名计数器）	可选

加载参数中的一些数据对象与内存管理有关，这是芯片的一个可选特性。内存管理数据对象是表示以字节计算的内存资源的数据对象，最低内存要求被编码为

2 字节的整数(标记为 0xC6、0xC7 和 0xC8),用于 32 767 以下的值;编码 4 字节的整数时,用于 32 767 以上的值;标签为 0x5F20 的提供者 ID 出现时,应在 GP 注册中心进行注册;另外,加载文件数据块参数的存在取决于加载文件数据块格式 ID 的值。

表 6.64 列出了安装命令参数字段中可能使用的标签。

表 6.64　安装命令参数的标签

标　签	长度/字节	键　值	要　求
0xC9	1～n	应用指定的参数	强制
0xEF	1～n	系统指定的参数	有条件
0xC7	2 或者 4	易失性内存配额	可选
0xC8	2 或者 4	非易失性内存配额	可选
0xCB	2～n	全局服务的参数	可选
0xD7	2	易失性预留内存	可选
0xD8	2	非易失性预留内存	可选
0xCA	1～n	TS 102 226 指定的参数	可选
0xCF	1	隐式选择参数	见下面的注释①
0xEA	1～n	TS 102 226 指定的模板	有条件
0xB6	1～n	数字签名控制参考模板(令牌)	可选
0x42	1～n	具有令牌验证特权的安全域的标识号	可选
0x45	1～n	具有令牌验证特权的安全域的映像号	可选
0x5F20	1～n	应用程序提供者标识符	可选
0x93	1～n	令牌标识符/号码(数字签名计算器)	可选

① 当标签为 0xCF 时,可能出现在组合安装(安装和选择)命令的安装参数中,也可能出现在最终组合安装(加载、安装和选择)命令中;标签为 0xCF 时,可能出现在多个安装命令中,附加到应用程序的隐式选择参数集合中,此时无法删除隐式选择时的参数。

安装参数中的一些数据对象与内存管理有关,这是芯片的一个可选特性,内存管理数据对象是表示以字节计算的内存资源的数据对象。最低内存要求被编码为 2 字节的整数(标记为 0xC6、0xC7 和 0xC8),用于 32 767 以下的值;编码为 4 字节的整数时,用于 32 767 以上的值;标签为 0x5F20 的提供者 ID 出现时,应在 GP 注册中心进行注册;另外,加载文件数据块参数的存在取决于加载文件数据块格式 ID 的值。

当在安装命令中出现时,标签 0xC9 中包含的信息长度加数据将传递给正在安装的应用程序,标签 0xCB 中包含的信息应包括全局服务参数中定义的一个或多个双字节服务参数。

表6.65列出了安装生成可选命令参数字段中可能使用的标签。

表6.65　安装生成可选命令参数的标签

标　签	长度/字节	键　值	要　求
0xEF	1～n	系统指定参数	有条件
0xCF	1	隐式选择参数	可选
0xB6	1～n	数字签名控制参考模板(令牌)	有条件
0x42	1～n	具有令牌验证特权的安全域的标识号	可选
0x45	1～n	具有令牌验证特权的安全域的映像号	可选
0x5F20	1～n	应用程序提供者标识符	可选
0x93	1～n	令牌标识符/号码(数字签名计算器)	可选

表6.66列出了安装迁移命令参数字段中可能使用的标签。

表6.66　安装迁移命令参数的标签

标　签	长度/字节	键　值	要　求
0xB6	1～n	数字签名控制参考模板(令牌)	有条件
0x42	1～n	具有令牌验证特权的安全域的标识号	可选
0x45	1～n	具有令牌验证特权的安全域的映像号	可选
0x5F20	1～n	应用程序提供者标识符	可选
0x93	1～n	令牌标识符/号码(数字签名计算器)	可选

表6.67列出了安装注册更新命令参数字段中可能使用的标签。

表6.67　安装注册更新命令参数的标签

标　签	长度/字节	键　值	要　求
0xEF	1～n	系统指定参数	有条件
0xCF	1	隐式选择参数	可选
0xCB	2～n	全局服务参数	可选
0xD9	1	限制参数。 0x80和0x00:预留项; 0x40:注册更新; 0x20:个人化; 0x10:迁移; 0x08:生成可选; 0x04:安装;	有条件

续表 6.67

标　签	长度/字节	键　值	要　求
0xD9	1	0x02:　　加载; 0x01:删除	有条件
0xB6	1～n	数码签名控制参考模板(令牌)	有条件
0x42	1～n	具有令牌验证特权的安全域的标识号	可选
0x45	1～n	具有令牌验证特权的安全域的映像号	可选
0x5F20	1～n	应用程序提供者标识符	可选
0x93	1～n	令牌标识符/号码(数字签名计算器)	可选

在响应消息中始终返回一个数据字段,可以返回确认数据,也可以返回单个字节的 0x00。如果正在发出安装命令、生成可选命令或个人化命令,则返回一个为 0x00 的字节,表示没有其他数据。对于用于安装、生成可选和注册更新命令,将会发送到具有委托管理权限的安全域,数据字段可能包含安装过程的确认,响应消息的总长度不应超过 256 字节。表 6.68 描述了安装响应数据字段的结构,安装确认的长度字段根据 ISO/IEC 8825－1 的 ASN.1 BER-TLV 进行编码。

表 6.68　安装响应数据字段的结构

名　称	长　度	键　值	要　求
安装确认长度	1～2	0x00～0x7F 或 0x8180～0x81FF	强制
安装确认	0～n	…	有条件

对于在响应消息中返回的处理状态,命令的成功执行应由状态字 0x9000 表示,此命令可以返回一般错误条件,也可以返回表 6.69 所列的错误条件之一。安装命令的响应报文详情见表 6.69 中状态字(SW1,SW2)的数据格式编码说明。

表 6.69　安装命令的响应报文格式

参　数	说　明
SW1,SW2	状态字节,用来说明指令执行是否出错,是什么原因出错。 0x9000:操作成功; 0x6580:未找到参考数据　; 0x6A84:没有足够的内存; 0x6A88:没有找到参考数据。

5. 加 载

加载命令定义了在传输过程中用于加载文件的结构，加载文件运行时的内部环境处理或存储在此命令中并不涉及，期间可以使用多个加载命令将加载文件传输到SE安全芯片上，此刻的加载文件会被分成更小的数据包进行传输。每个加载命令的数据包从0x00开始编号，并且要求加载命令编号应严格按顺序排列，并以1为步进增量。当安全芯片被告知为加载文件的最后一个块时，安全芯片应执行加载文件所需的内部进程，以及在加载命令之前的安装加载命令中所标识的任何其他进程。表6.70所列为加载命令的格式。

表 6.70 加载命令的格式

参 数	说 明
CLA	0x80～0x8F 0xC0～0xCF 0xE0～0xEF
INS	0xE8
P1,P2	P1:是否有数据块连续。 0x00:还有后续的数据块; 0x80:为最后的数据块; 0x00～0x7F:预留项。 P2:数据块序号。 引用控制参数P2为包含数据块的序号，从0x00到0xFF依次编码
Lc 字段	数据字段的长度
数据字段	加载文件数据(可以增进数据包的MAC值)
Le 字段	空(0x00)

在命令消息中发送的数据字段，也可以是加载文件的一部分。符合GP规范定义的完整加载文件的结构如表6.71所列。

表 6.71 加载文件的数据结构

标 签	长度/字节	键 值	要 求
0xE2	1～n	DAP 块	有条件
0x4F	5～16	安全域的 AID	强制
0xC3	1～n	加载文件数据块的签名	强制
…	…	…	…

续表 6.71

标　签	长度/字节	键　值	要　求
0xE2	1～n	DAP 块	有条件
0x4F	5～16	安全域的 AID	强制
0xC3	1～n	加载文件数据块的签名	强制
0xC4	1～n	加载文件数据块	有条件
0xD4	1～n	加密加载文件数据块	有条件

表 6.71 中定义的数据对象应按照 ASN.1 的基本编码规则进行编码，特别是长度字段，例如长度值为 127 字节时就应该为一个字节。如果关联的安全域具有 DAP 验证特权，或者存在具有强制 DAP 验证特权的安全域，则 DAP 块应出现在加载文件中，正确构造的 DAP 块应包含辅助安全域和加载文件数据块的签名。一个加载文件可能包含多个 DAP 块，每个 DAP 块的最开始的标签值应为 0xE2。如果相关安全域具有加密的加载文件数据块权限，则加载文件数据块应使用标签 0xD4 进行加密发送，否则加载文件数据块应使用标签 0xC4 进行未加密发送。加密加载文件数据块的加密算法依赖于配置。

在响应消息中始终返回一个数据字段，该数据字段的内容仅仅是最后加载命令被发送给一个安全域与委托管理特权，响应数据是有可能存在的数据字段里的这种方式也是 SE 安全芯片的一种安全策略。

如果加载命令不包含序列中的最后一个块，那么将返回一个单字节 0x00，表明不存在其他数据；如果主控安全域处理包含序列中最后一个块的加载命令，则应返回一个单字节 0x00，表明不存在其他数据。对于包含序列中最后一个块的加载命令，该命令将被发送到具有委托管理权限的安全域，数据字段可以包含加载过程的确认，响应消息的总长度不应超过 256 字节。表 6.72 描述了加载命令响应数据字段的结构，加载确认的长度字段根据规范 ISO/IEC 8825－1 中的 ASN.1 BER-TLV 进行编码。

表 6.72　加载命令数据字段的结构

名　称	长度/字节	键　值	要　求
加载确认的长度	1～2	0x00～0x7F, 0x8180～0x81FF	强制
加载确认	0～n	…	有条件

加载命令的响应报文详情见表 6.73 中状态字(SW1,SW2)的数据格式编码说明。

表 6.73　加载命令的响应报文格式

参　数	说　明
SW1,SW2	状态字节,用来说明指令执行是否出错,是什么原因出错。 0x9000:操作成功; 0x6581:内存操作失败; 0x6A84:无足够的内存

6. 逻辑通道管理

逻辑通道管理的命令实际上一般会由 SE 安全芯片上的操作系统来处理,用于打开和关闭辅助逻辑通道,但基本逻辑通道的通道号 0 永远不能被关闭。表 6.74 所列为逻辑通道管理命令的格式。

表 6.74　逻辑通道管理命令格式

参　数	说　明
CLA	0x00～0x03 0x40～0x4F
INS	0x70
P1,P2	P1:逻辑通道状态 0x80:关闭通道; 0x00:新打开和建立一个通道。 P2:逻辑通道号
Lc 字段	无
Le 字段	如果 P1 为 0x00,则此字段为 0x01;;如果 P1 为 0x80,则此字段为空

引用控制参数 P1 用于指示辅助逻辑通道是打开还是关闭,引用控制参数值的说明如下:

— 0x80,关闭引用控制参数 P2 中标识的辅助逻辑通道。

— 0x00,打开下一个可用的辅助逻辑通道。

当引用控制参数 P1 为 0x80 时,指补充逻辑通道(0x01、0x02、0x03)需要关闭,那么此时引用控制参数 P2 要关闭的补充逻辑通道只有可能为 0x01、0x02 或 0x03。对于支持更多行业间逻辑通道的芯片，引用控制参数 P2 可以识别更多行业间补充逻辑通道，可以扩展到 0x04 到 0x13。

当引用控制参数 P1 为 0x00 时，引用控制参数 P2 表示正在打开下一个可用的补充逻辑通道，可以接受指示要打开的补充逻辑通道编号的引用控制参数 P2 可以为 0x01、0x02 或 0x03。对于支持更多行业间逻辑通道的芯片，引用控制参数 P2 可以识别更多行业间补充逻辑通道，可以扩展到 0x04 到 0x13。

对于在命令消息中发送的数据字段，命令消息的数据字段是不存在的。

在响应消息中返回的数据字段，只有在打开辅助逻辑通道时，响应消息的数据字段才会出现。根据芯片支持的逻辑通道的数量，响应消息的数据字段可以应用以下值：

- 0x01、0x02 或 0x03，表示此通道号的辅助逻辑通道打开。
- 对于支持更多行业间逻辑通道的芯片，根据芯片支持的辅助逻辑通道的数量，响应消息的数据字段的值可以应用 0x04 至 0x13，表示此通道号的辅助逻辑通道打开。

逻辑通道管理命令的响应报文详情见表 6.75 中状态字(SW1，SW2)的数据格式编码说明。

表 6.75　逻辑通道管理命令的响应报文格式

参　数	说　明
SW1，SW2	状态字节，用来说明指令执行是否出错，是什么原因出错。 0x9000：操作成功； 0x6200：此逻辑通道号已经关闭 ； 0x6A81：不支持(例如在芯片的生命周期锁定的情况下)； 0x6A82：安全消息不支持

7. 更新密钥

更新密钥命令可以用于的情况：第一，新密钥替换现有密钥，新密钥具有相同或不同的密钥版本号，前提是密钥标识符与要替换的密钥相同；第二，用新密钥替换多个现有密钥，新密钥具有相同或不同的密钥版本号，但与要替换的密钥的标识符相同；第三，添加单个新密钥，新密钥具有与现有密钥不同的组合密钥标识符和密钥版本号;第四,添加多个新密钥,与现有密钥相比,新密钥具有不同的密钥标识符和密钥版本号组合。

当密钥管理操作需要多个 PUT 密钥命令时,建议对多个 PUT 密钥命令进行链接,以确保操作的完整性。在 GP 规范的 2.2.1 版本中,非对称密钥的公共值以明文表示。表 6.76 所列为 更新密钥命令的格式。

表 6.76　更新密钥命令格式

参　数	说　明
CLA	0x80～0x8F 0xC0～0xCF 0xE0～0xEF
INS	0xD8
P1,P2	P1:密钥版本号,以及是否有更多的更新密钥命令后续会使用这个密钥版本号。 P2:密钥标识符,以及数据字段中是否包含一个或多个密钥
Lc 字段	数据字段的长度
数据字段	密钥(可以包含 MAC)
Le 字段	空(0x00)

引用控制参数 P1 定义了一个密钥版本号,以及是否有更多的更新密钥命令后续会使用这个密钥版本号。对于密钥版本号标识卡上已经存在的密钥或密钥组,当值为 0x00 时表示正在添加一个或一组新键,新的密钥版本号在命令消息的数据字段中指定,密钥版本号从 0x01 编码到 0x7F。

更新密钥命令消息的引用控制参数 P1 按照表 6.77 进行编码。

表 6.77　更新密钥命令的引用控制参数 P1

b7	b6	b5	b4	b3	b2	b1	b0	说　明
0	—	—	—	—	—	—	—	最后或仅有的一个命令
1	—	—	—	—	—	—	—	有更多的后续更新密钥命令
—	×	×	×	×	×	×	×	密钥版本号

引用控制参数 P2 用于定义一个密钥标识符,以及数据字段中是否包含一个或多个密钥。

当命令消息数据字段中包含一个密钥时,引用控制参数 P2 表示该密钥的标识符；当命令消息数据字段中包含多个密钥时，引用控制参数 P2 指示的是命令数据字段中第一个密钥的标识符。命令消息数据字段中的每个后续密钥都有一个隐式密钥标识符，该标识符从第一个密钥标识符开始按顺序递增 1 计算。密钥标识符的编码是从 0x00 到 0x7F。

更新密钥命令消息的引用控制参数 P2 按照表 6.78 进行编码。

表 6.78　更新密钥命令的引用控制参数 P2

b7	b6	b5	b4	b3	b2	b1	b0	说　明
0	—	—	—	—	—	—	—	单密钥
1	—	—	—	—	—	—	—	多密钥
—	×	×	×	×	×	×	×	密钥标识符

对于在命令消息中发送的数据字段，命令消息的数据字段包含一个新的密钥版本号，编码从 0x01 到 0x7F，后面是一个或多个密钥数据字段。图 6.7 所示为密钥版本框图。

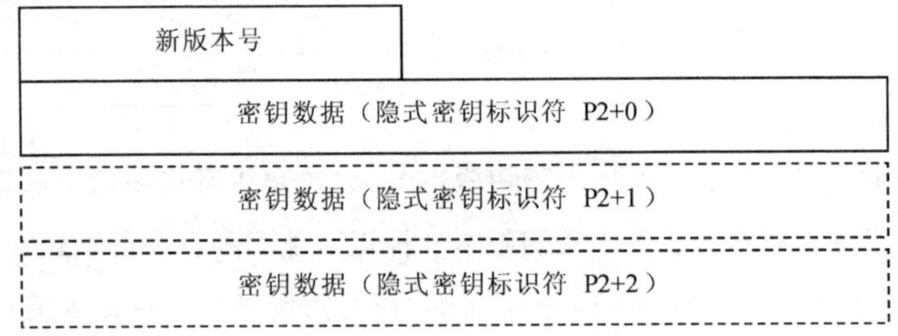

图 6.7　密钥版本框图

新的密钥版本号定义如下：

- 在芯片上创建的新密钥或密钥组的版本号。P1 中指定的密钥版本号设置为 0x00。
- 将替换现有密钥或密钥组的新密钥或密钥组的版本号。P1 中指示的密钥版本号为非零，如果数据字段包含多个密钥，则所有密钥共享相同的密钥版本号，命令数据字段中的序列反映键标识符的递增序列。

密钥数据字段的格式取决于第一个数据元素密钥类型的值。

格式 1 为基本型，如果密钥类型编码在一个字节上，值不是 0xFF，则密钥数据字段的结构如表 6.79 所列。

表 6.79　密钥数据字段的结构——基本型

名　称	长度/字节	键　值	要　求
密钥类型	1	0x00～0x7F：预留为私有用途； 0x80：DES 算法，包括 ECB 或者 CBC 模式； 0x81：预留为 3DES； 0x82：3DES 的 CBC 模式； 0x83：DES 的 ECB 模式； 0x84：DES 的 CBC 模式； 0x85～0x87：预留为对称算法； 0x88：AES 16、24 或者 32 字节的密钥长度； 0x89～0x8F：预留为对称算法； 0x90：HMAC－SHA1，HMAC 的长度为已知； 0x91：HMAC－SHA1，HMAC 的长度为 160 比特； 0x92～0x9F：预留为对称算法； 0xA0：RSA 公钥-公开指数 e 分量（明文）； 0xA1：RSA 公钥-模量 N 分量（明文）； 0xA2：RSA 私钥-模量 N 分量； 0xA3：RSA 私钥-私有指数 d 分量； 0xA4：RSA 私钥-余 P 分量； 0xA5：RSA 私钥-余 Q 分量； 0xA6：RSA 私钥-余 PQ 分量（(q－1) mod p）； 0xA7：RSA 私钥-余 DP1 分量（d mod(p－1)）； 0xA8：RSA 私钥-余 DQ1 分量（d mod(q－1)）； 0xA9～0xFE：预留为非对称算法； 0xFF：扩展格式	强制
密钥或密钥组件数据的长度	1～3	0x01～0x80，0x8180～0x81FF，0x820100～0x82FFFF	强制
密钥或密钥组件数据的值	1～n	…	强制
密钥检查值的长度	1	0x00～0x7F	强制
密钥检查值	0～n	…	有条件

格式 2 为扩展型,如果密钥类型编码为两字节,第一个字节等于 0xFF,则密钥数据字段的结构如表 6.80 所列。

表 6.80 密钥数据字段的结构——扩展型

名 称	长度/字节	键 值	要 求
第一个或唯一的密钥组件的类型	2	0xFF00～0xFF7F:预留为私有用途; 0xFF80:DES 算法,包括 ECB 或者 CBC 模式; 0xFF81:预留为 3DES; 0xFF82:3DES 的 CBC 模式; 0xFF83:DES 的 ECB 模式; 0xFF84:DES 的 CBC 模式; 0xFF85～0xFF87:预留为对称算法; 0xFF88:AES 16、24 或者 32 字节的密钥长度; 0xFF89～0x8F:预留为对称算法; 0xFF90:HMAC - SHA1,HMAC 的长度为已知; 0xFF91:HMAC - SHA1,HMAC 的长度为 160 比特; 0xFF92～0x9F:预留为对称算法; 0xFFA0:RSA 公钥-公开指数 e 分量(明文); 0xFFA1:RSA 公钥-模量 N 分量(明文); 0xFFA2:RSA 私钥-模量 N 分量; 0xFFA3:RSA 私钥-私有指数 d 分量; 0xFFA4:RSA 私钥-余 P 分量; 0xFFA5:RSA 私钥-余 Q 分量; 0xFFA6:RSA 私钥-余 PQ 分量 ((q－1) mod p); 0xFFA7:RSA 私钥-余 DP1 分量 (d mod(p－1)); 0xFFA8:RSA 私钥-余 DQ1 分量 (d mod(q－1)); 0xFFA9～0xFFFE:预留为非对称算法; 0xFFFF:扩展格式	强制

续表 6.80

名　称	长度/字节	键　值	要　求
第一个或唯一的密钥组件的长度	1～3	0x01～0x08,0x8180～0x81FF,0x820100～0x82FFFF	强制
第一个或唯一的密钥组件的值	1～n	…	强制
…	…	…	…
如果多于一个密钥,则为最后一个密钥组件的键类型	2	与“第一个或唯一的密钥组件的类型”相同	有条件
最后一个密钥组件的长度	1～3	0x01～0x80,0x8180～0x81FF,0x820100～0x82FFFF	有条件
最后一个密钥组件的值	1～n	…	有条件
密钥检查值的长度	1	0x00～0x7F	强制
密钥检查值的值	0～n	…	有条件
密钥使用限定符的长度	1	0x00～0x7F	强制
密钥使用限定符	0～n	0x80:验证(DST, CCT, CAT),加密(CT); 0x40:计算(DST, CCT, CAT),解码(CT); 0x20:响应数据字段中的安全消息传递(CT, CCT); 0x10:命令数据字段中的安全消息传递(CT, CCT); 0x08:保密(CT); 0x04:密码校验和(CCT); 0x02:数字签名(DST); 0x01:加密授权(CAT)	有条件
密钥存取的长度	1	0x00～0x7F	强制

每个密钥组件的长度按照 ISO/IEC 8825－1 定义的 ASN.1 BER-TLV 进行编码，长度为 128 字节也可以在一个字节上编码，值为 0x80。

处理规则为在更换密钥时，新密钥应与安全芯片上的现有密钥格式相同，无法更改现有密钥槽的大小和相关加密算法。当使用此命令加载或替换密钥或私钥时，需要对密钥值进行加密，并且根据当前上下文隐式地知道要使用的加密密钥和算法的引用，其中，公钥值可以用明文表示。当使用链接加载或替换由多个组件组成的密钥时，后续命令必须引用与第一个密钥组件的第一个更新密钥命令相同的密钥标识符和密钥版本号，其中，一个密钥组件不能被分成两个更新密钥命令。

如果数据字段包含多个密钥或密钥组件，则芯片必须以原子方式处理多个密钥或密钥组件。当更新密钥命令被链接，即 P1 的 b7 位设置为 1 时，芯片必须以原子方式处理在更新密钥命令链中传输的多个密钥组件，直到 P1 等于 0。更新密钥命令创建或更新可能稍后在标签 0xC0 中返回的密钥信息数据。

响应消息的数据字段以明文形式包含密钥版本号和密钥检查值，如命令消息数据字段中所示，个性化服务可以使用返回的密钥版本号和密钥检查值来验证密钥是否已经正确加载。

更新密钥命令的响应报文详情见表 6.81 中状态字(SW1，SW2)的数据格式编码说明。

表 6.81　更新密钥命令的响应报文格式

参　数	说　明
SW1，SW2	状态字节，用来说明指令执行是否出错，是什么原因出错。 0x9000：操作成功； 0x6581：内存异常； 0x6A84：没有足够的内存； 0x6A88：未找到参考数据； 0x9484：加密算法不支持； 0x9485：无效密钥检查值

8. 选　择

选择命令用于选择应用程序，选择之外的所有选项应传递到指定逻辑通道上进行安全域或应用程序的选定。表 6.82 所列为选择命令的格式。

表 6.82　选择命令的格式

参　数	说　明
CLA	0x00～0x03 0x40～0x4F
INS	0xA4
P1,P2	P1:选择通过名字。 0x04:通过名字来选择安全域或应用程序。 P2:是否有后续的命令。 0x00:第一个或只有这个选择; 0x02:还有后续选择
Lc 字段	安全域或应用程序 AID 的长度
数据字段	安全域或应用程序 AID
Le 字段	空(0x00)

除去表 6.83 所列的 GP 规范定义的参数值外,安全域或应用程序也需要支持 ISO/IEC 7816 - 4 中定义的引用控制参数 P1 的其他值。表 6.83 所列为选择命令引用控制参数 P1 的数据格式。

表 6.83　选择命令引用控制参数 P1 的数据格式

b7	b6	b5	b4	b3	b2	b1	b0	说　明
0	0	0	0	0	1	0	0	选择通过名字

引用控制参数 P2 按表 6.84 进行编码,底层运行时环境也需要支持 ISO/IEC 7816 - 4 中定义的其他值。

表 6.84　选择命令引用控制参数 P2 的数据格式

b7	b6	b5	b4	b3	b2	b1	b0	说　明
0	0	0	0	0	0	0	0	第一个或只有这个选择
0	0	0	0	0	0	1	0	还有后续选择

命令的数据字段应包含要选择的应用程序的 AID,如果正在选择主控安全域,则可以省略选择命令的 Lc 和数据字段。在这种情况下,Le 应设置为 0x00,命令遵循 ISO/IEC 7816 - 4 中的 CASE 2 命令格式。

对于在响应消息中返回的数据字段,选择命令响应数据字段由特定于所选应用程序的信息组成。主控安全域和辅助安全域的文件控制信息编码如表 6.85 所列,可以在 FCI 模板中返回其他数据对象。

表 6.85 文件控制信息

标　签	注　释	要　求
0x6F	文件控制信息	强制
0x84	应用和文件的 AID	强制
0xA5	私有数据	强制
0x73	安全域管理数据	可选
0x9F6E	应用程序生产生命周期数据	可选
0x9F65	命令消息中数据字段的最大长度	强制

选择命令的响应报文详情见表 6.86 中状态字(SW1,SW2)的数据格式编码说明。

表 6.86 选择命令的响应报文格式

参　数	说　明
SW1,SW2	状态字节,用来说明指令执行是否出错,是什么原因出错。 0x9000:操作成功; 0x6283:芯片的生命周期已经在锁定状态; 0x6882:不支持安全消息; 0x6A81:功能不支持,例如芯片的生命周期已经锁定了; 0x6A82:选择的应用程序,文件或者安全域没有找到

9. 设置状态

设置状态命令应使用修改卡片生命周期状态或应用程序生命周期状态。表 6.87 所列为设置状态命令的格式。

表 6.87 设置状态命令的格式

参　数	说　明
CLA	0x80～0x8F 0xC0～0xCF 0xE0～0xEF
INS	0xF0
P1,P2	P1:状态类型; P2:状态控制
Lc 字段	数据字段的长度

续表 6.87

参　数	说　明
数据字段	应用程序,文件或者安全域的 AID(可以有 MAC 值)
Le 字段	空(0x00)

引用控制参数 P1 为状态类型,设置状态命令消息的状态类型指示生命周期状态的更改是否适用于主控安全域、辅助安全域或应用程序。状态类型还可以指示该命令适用于安全域及其所有相关应用程序,这只适用于从锁定状态转换到解锁定状态,或从解锁定状态转换回锁定状态的情况。状态类型按照表 6.88 进行编码。

表 6.88　设置状态命令状态类型的数据格式

b7	b6	b5	b4	b3	b2	b1	b0	说　明
1	0	0	—	—	—	—	—	主控安全域
0	1	0	—	—	—	—	—	辅助安全域或应用程序
0	1	1	—	—	—	—	—	安全域及其相关应用程序
—	—	—	×	×	×	×	×	预留用途

当设置状态命令应用于安全域及其相关应用程序时,在该命令应用于数据字段中指定的安全域的子层次结构中时,如果使用设置状态命令设置锁定所有应用程序的状态,则所有应用程序都会保持锁定状态,而不会返回错误状态。如果设置的状态用于解锁所有的应用程序,那么已经解锁的所有应用程序仍然未解锁,并且不会返回错误状态。

引用控制参数 P2 为状态控制,具有芯片生命周期终止或锁定特权的安全域,可以使用设置状态命令分别终止或锁定芯片,此刻引用控制参数 P1 应设置为 0x80。对于使用此命令设置自己的生命周期状态的安全域,唯一可以再做转换的就是个人化或锁定两种状态;对于使用此命令设置自己生命周期状态的应用程序,还须遵守图 6.8 所示的转换规则。

图 6.8 中 1 类的箭头表示具有授权管理权限的安全域;2 类的箭头表示具有委托管理权限的安全域;3 类的箭头表示关联的安全域;4 类的箭头表示具有全局锁定特权的安全域或应用程序;5 类的箭头表示应用程序本身。

对于设置另一个应用程序或辅助安全域的生命周期状态,将安全域或应用程序转换为当前生命周期状态的请求将被拒绝,唯一可能的转换是到锁定状态,然后返

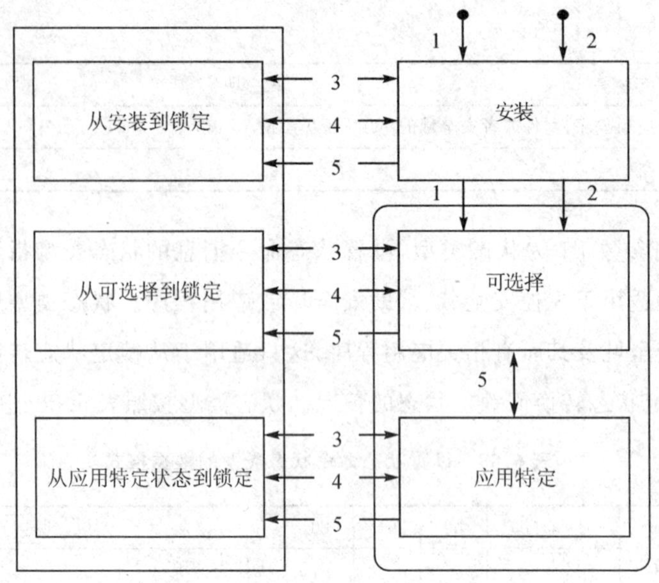

图 6.8 应用程序生命周期状态转换

回到前一个状态，因此，该参数唯一相关的位是 b7，可以忽略所有其他位：

— b7=1 表示向锁定状态的转换；

— b7=0 表示从锁定状态返回到以前的状态。

在命令消息中发送的数据字段应包含请求生命周期更改的目标应用程序或安全域的 AID。接收命令的芯片上的实体应直接或间接地与此目标应用程序或安全域关联，或具有相关特权。如果引用控制参数 P1 为 0x80，则忽略命令数据字段的内容；如果该命令与安全域及其所有相关应用程序相关，则数据字段应包含安全域的 AID。

选择命令的响应报文详情见表 6.89 中状态字(SW1，SW2)的数据格式编码说明。

表 6.89 设置状态命令的响应报文格式

参 数	说 明
SW1，SW2	状态字节，用来说明指令执行是否出错，是什么原因出错。 0x9000：操作成功； 0x6A80：命令数据中不正确的值； 0x6A88：参考数据未找到

10. 存储数据

存储数据命令用于将数据传输到处理该命令的应用程序或安全域中去，安全域根据先前接收的命令确定该命令是用于本身还是用于应用程序。如果前面的命令用于个人化安装，则存储数据命令的目标是应用程序。

多个存储数据命令用于将数据分解成较小的组件进行传输，从而将数据发送到应用程序或安全域。当安全域收到指定应用程序或个性化接口的有效个人化安装的命令时，个人化会话开始，安全域随后将接收到的存储数据命令转发到该应用程序。个人化会话在以下情况下会自动结束：

- 卡片复位；
- 取消选择安全域，即在同一逻辑通道上选择另一个或相同的应用程序；
- 在同一或另一个逻辑通道上选择安全域；
- 安全域建立的安全通道会话，可能由于目标应用程序的重置从而触发安全通道终止的条件；
- 安全域收到安装个人化命令时，为另一个应用程序启动新的个性化会话；
- 安全域接收到 P1 参数为存储数据命令时，即 b7=1 为最后一数据块。

从此类个性化会话接收到的任何存储数据命令都应由安全域本身处理。

存储数据命令的 APDU 数据格式如表 6.90 所列。

表 6.90　存储数据命令的 APDU 数据格式

参　照	说　明
CLA	0x80～0x8F 0xC0～0xCF 0xE0～0xEF
INS	0xE2
P1,P2	P1:参考控制信息，参见表下的具体描述； P2:数据块序号
Lc 字段	数据字段的长度
数据字段	应用数据(也可以支持 MAC)
Le 字段	空(0x00)

存储数据命令引用控制参数 P1 按表 6.91 所列的格式进行编码。

表 6.91　存储数据命令的 P1 编码格式

b7	b6	b5	b4	b3	b2	b1	b0	说　明
0	—	—	—	—	—	—	—	后续还有数据块
1	—	—	—	—	—	—	—	最后一个数据块

续表 6.91

b7	b6	b5	b4	b3	b2	b1	b0	说　明
—	0	0	—	—	—	—	—	没有一般加密信息或未加密数据
—	0	1	—	—	—	—	—	依赖于应用程序的数据加密
—	1	0	—	—	—	—	—	预留项
—	1	1	—	—	—	—	—	加密数据
—	—	—	0	0	—	—	—	没有一般的数据结构信息
—	—	—	0	1	—	—	—	数据字段的 DGI 格式
—	—	—	1	0	—	—	—	数据字段的 BER-TLV 格式
—	—	—	1	1	—	—	—	预留项
—	—	—	—	—	×	×	×	预留项

位 b4 和 b3 提供关于命令消息数据字段的的数据结构信息。

- b4b3 等于 00 时，表示没有提供关于数据结构的一般信息，即数据结构依赖于应用程序；
- b4b3 等于 01 时，表示根据 GP 系统脚本语言规范，命令消息数据字段被编码为一个或多个 DGI 结构；
- b4b3 等于 10 时，表示命令消息数据字段按照 ISO/IEC 8825 的规范编码为一个或多个 BER-TLV 结构。

位 b6 和 b5 提供关于命令消息数据字段中数据结构的值字段加密的信息。

- b6b5 等于 00 时，表示未提供数据加密的一般信息，即数据的加密或非加密依赖于应用程序，或当前命令消息中出现的所有数据结构的数据值字段未加密；
- b7b6 等于 01 时，表示数据结构值字段的加密或非加密依赖于应用程序，如当前命令消息中存在多个数据结构时，一些数据值字段可能加密，其他数据值字段可能未加密；
- b7b6 等于 11 时，表示当前命令消息中出现的所有数据结构的数据值字段都已加密。

解密特定于应用程序的数据是由应用程序自己进行相关数据解密。

引用控制参数 P2 为数据块序号，其包含从 0x00 到 0xFF 的编码块号，安全域应检查命令的序列。

对于在命令消息中发送的数据字段，数据字段应包含安全域或应用程序所期望的格式数据。如果数据用于应用程序，则可以定义3种数据结构模式，如下：

— 当传入命令数据的格式没有可用信息时，应用程序相关格式，如引用控制参数P1的位b4-b3设置为0x00，在这种情况下，传入命令数据的加密或非加密信息通常不可用；参数P1的b6b5设置为0x00，传入命令数据的格式和最终加密是应用程序隐式知道的。

— 适用于命令数据字段中出现的所有数据结构被格式化为DGI结构时，如GP脚本规范中定义的那样，引用控制参数P1的位b4b3被设置为0x01。在这种情况下，DGI数据结构的值字段的加密或非加密可能会提供一些信息，相应为设置引用控制参数P1的位b6b5。

— 当命令数据字段中出现的所有数据结构都被格式化为ISO/IEC 8825中所定义的BER-TLV结构时，将引用控制参数P1的位b4b3设置为0x10。在这种情况下，TLV数据结构的值字段的加密或非加密可能提供一些信息，相应地设置引用控制参数P1的位b6b5。

如果预期的命令消息的总长度超过255字节，则应在多个连续存储数据命令中发送单个或一组数据。无论数据格式是DGI还是BER-TLV数据结构，均应遵循以下规则：

— 数据结构长度指标应始终反映数据结构值字段的实际全长；

— 数据结构值字段在包含数据结构长度的存储数据命令消息中会被截断，例如超过命令消息的最大长度。

— 随后存储数据命令值字段应包含剩余的数据结构，这可能是紧随其后的一个或多个数据结构。对于非常大的数据，可能后续还有多个需要存储数据命令消息值字段的数据结构。

— 目标应用程序或安全域应使用存储数据命令消息的最后一个数据结构长度来指示，以确定后续存储数据命令是否预期包含数据结构值字段的其余部分。

主控安全域至少应支持以下TLV编码的数据对象：

— 发行人的识别号，标签为0x42；

— 芯片的图像编号，标签为0x45。

辅助安全域应支持以下TLV编码的数据对象：

— 安全域提供者的标识号，标签为0x42；

— 安全域的映像号,标签为 0x45;

— 安全域的管理数据,标签为 0x66。

当支持 DGI 格式化时,这些数据对象可能包含在 DGI 中,在这种情况下,应使用 DGI“0x0070”,否则这些数据对象将以它们的 BER-TLV 格式显示。

存储数据命令的响应报文详情见表 6.92 中状态字(SW1 - SW2)的数据格式编码说明。

表 6.92　存储数据命令的响应报文格式

参　数	说　明
SW1,SW2	状态字节,用来说明指令执行是否出错,是什么原因出错。 0x9000:操作成功; 0x6A80:命令数据中有不正确的值; 0x6A84:无足够的内存; 0x6A88:参考数据没有找到

11. 状态字

GP 规范所定义的状态字 SW1,SW2 的数据格式编码如表 6.93 所列。

表 6.93　规范 GP 中所定义状态字 SW1,SW2 的数据格式编码说明

SW1,SW2	注　释
0x6400	没有具体的诊断
0x6700	Lc 为错误的长度
0x6881	当前逻辑通道不支持或者未创建
0x6982	安全条件不满足
0x6985	使用条件不满足
0x6A86	参数 P1 或者 P2 不正确
0x6D00	无效的指令码
0x6E00	无效的指令类

6.2　NFC 与 SE 之间的数据通道

6.1 节介绍了 SE 安全芯片的硬件设计框架以及软件的应用接口,如果主机端直接与 SE 安全芯片通信,则直接使用上面的软件应用协议 APDU 即可。但是,有许多移动设备的 NFC 支付设计框架是主机端与 SE 安全芯片直接连接的,而在实际交易过程

中则是通过 NFC 通道透传，所以对于这种框架的设计，就需要在 NFC 与 SE 之间先建立一个数据通道，待数据通道建立成功后，就可以完全使用 APDU 指令进行通信了。

下面以恩智浦公司的 NFC 芯片 PN80T 和 PNX 调试工具为例，在 Android 手机端运行一个原生的 PNX 应用程序，并且通过发送 NFC 与 SE 建立通道的命令“pnx--jrcp”和上位机端的 JCSHELL 工具，来对手机端的 PNX 工具发送相应的 APDU 命令。在 PNX 工具中建立一个数据服务端口，在接收到数据后，把 APDU 数据直接转发给 SE 安全芯片，SE 安全芯片负责与主机端或者 TSM 服务进行所有的安全的端对端的安全协议验证和数据加密保护。图 6.9 所示为工具 PNX 使用的步骤图示。

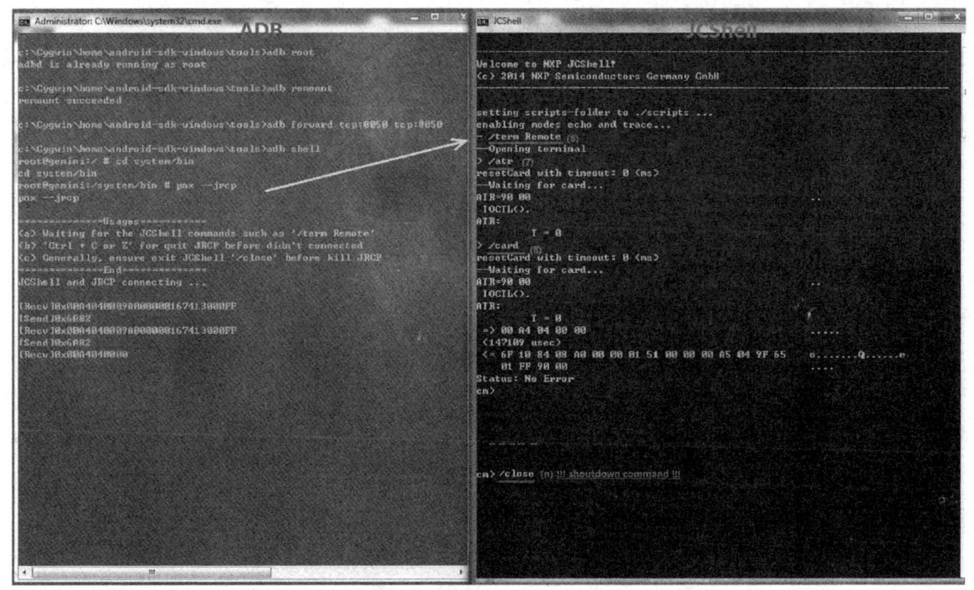

图 6.9　工具 PNX 使用的步骤图示

从初始化 NFCC 射频前端的代码，到与 SE 之间建立 APDU 数据通信的通道示例代码，再到示例数据通道的代码，这些均来自 PNX 工具，由于篇幅有限，此处仅给出数据通道建立部分的代码。

```
NFC_STATUS Pnx_Ese_Enabled(PNX_HANDLE pNx)
{
    uint8_t _ibuf[MAX_NCI_PACKAGE] = {0};
    uint8_t _ilen = 0x0;
    uint8_t _rbuf[MAX_NCI_PACKAGE] = {0};
    uint8_t _rlen = 0x0;
    uint8_t value[256] = {0};
```

```
    //pNx->_atr_ = 0xff;
    pNx->_atr_ = 0x00;/* B7 project for keep RF configuration */

    Pnx_Nci_Start(pNx);

    _ibuf[0] = 0x0;//Standby Mode Disabled
    _ilen = 0x1;
    pNx->i_buf = _ibuf;
    pNx->i_len = _ilen;
    pNx->r_buf = _rbuf;
    pNx->r_len = &_rlen;
    if(Pnx_Nci_Dispatch(pNx,NFC_NCI_CORE_SET_POWER_MODE_CMD,pNx->i_len,pNx->i_
    buf,pNx->r_len,pNx->r_buf) == NFC_RES_ERR) return NFC_RES_ERR; /* Send
    RSET */

    Pnx_Set_Register_547(pNx,0xA0ED, 0x01);//enabled eSE
    Pnx_Set_Register_547(pNx,0xA0F1, 0x01);//Low power mode

    _ibuf[0] = 0x0;
    _ilen = 0x0;
    pNx->i_buf = _ibuf;
    pNx->i_len = _ilen;
    pNx->r_buf = _rbuf;
    pNx->r_len = &_rlen;
    if(Pnx_Nci_Dispatch(pNx,NFC_NCI_PROPRIETARY_ACT_CMD,pNx->i_len,pNx->i_buf,pNx
    ->r_len,pNx->r_buf) == NFC_RES_ERR) return NFC_RES_ERR; /* Send INIT */
#if 1
    _ibuf[0] = NFCEE_Disable_discovery;//Enable discovery of NFCEE
    _ilen = 0x1;
    pNx->i_buf = _ibuf;
    pNx->i_len = _ilen;
    pNx->r_buf = _rbuf;
    pNx->r_len = &_rlen;
    if(Pnx_Nci_Dispatch(pNx,NFC_NCI_NFCEE_DISCOVER_MCD,pNx->i_len,pNx->i_buf,pNx
    ->r_len,pNx->r_buf) == NFC_RES_ERR) return NFC_RES_ERR; /* Send RSET */

    ESE_CHANNAL_DELAY;

    _ibuf[0] = 0x01;//NFCEE ID   = 1[0x01]
```

```
_ibuf[1] = 0x00;//NFCEE Mode = Disable the connected NFCEE [0x01]
_ilen = 0x2;
pNx->i_buf = _ibuf;
pNx->i_len = _ilen;
pNx->r_buf = _rbuf;
pNx->r_len = &_rlen;
if(Pnx_Nci_Dispatch(pNx,NFC_NCI_NFCEE_MODE_SET_CMD,pNx->i_len,pNx->i_buf,pNx
->r_len,pNx->r_buf) == NFC_RES_ERR) return NFC_RES_ERR; /* Send RSET */

ESE_CHANNAL_DELAY;

_ibuf[0] = 0xC0;//NFCEE ID   = 1[0x01]
_ibuf[1] = 0x00;//NFCEE Mode = Disable the connected NFCEE [0x01]
_ilen = 0x2;
pNx->i_buf = _ibuf;
pNx->i_len = _ilen;
pNx->r_buf = _rbuf;
pNx->r_len = &_rlen;
if(Pnx_Nci_Dispatch(pNx,NFC_NCI_NFCEE_MODE_SET_CMD,pNx->i_len,pNx->i_buf,pNx
->r_len,pNx->r_buf) == NFC_RES_ERR) return NFC_RES_ERR; /* Send RSET */

ESE_CHANNAL_DELAY;

_ibuf[0] = 0xC0;//NFCEE ID   = 1[0x01]
_ibuf[1] = 0x00;//NFCEE Mode = Disable the connected NFCEE [0x01]
_ilen = 0x2;
pNx->i_buf = _ibuf;
pNx->i_len = _ilen;
pNx->r_buf = _rbuf;
pNx->r_len = &_rlen;
if(Pnx_Nci_Dispatch(pNx,NFC_NCI_NFCEE_MODE_SET_CMD,pNx->i_len,pNx->i_buf,pNx
->r_len,pNx->r_buf) == NFC_RES_ERR) return NFC_RES_ERR; /* Send RSET */

ESE_CHANNAL_DELAY;

_ibuf[0] = NFCEE_Enable_discovery;//Enable discovery of NFCEE
_ilen = 0x1;
pNx->i_buf = _ibuf;
pNx->i_len = _ilen;
pNx->r_buf = _rbuf;
```

```
    pNx->r_len = &_rlen;
    if(Pnx_Nci_Dispatch(pNx,NFC_NCI_NFCEE_DISCOVER_MCD,pNx->i_len,pNx->i_buf,pNx
    ->r_len,pNx->r_buf) == NFC_RES_ERR) return NFC_RES_ERR; /* Send RSET */

    /*[20 04 06 03 01 01 02 01 01]

      CORE_CONN_CREATE_CMD
          * Destination Type= {Std} NFCEE [0x03]
          * Number of Destination - specific Parameters = 1 [0x01]
            -->Destination - specific Parameter N° 1
                - Type    = NFCEE ID / NFCEE Interface Protocol [0x01]
                - Length = 2 [0x02]
                - Value   = [0x01 0x01]
                  + NFCEE ID = [0x01]
              + NFCEE Interface Protocol = {Std} HCI Access [0x01] */
    _ibuf[0] = 0x03;//NFCEE
    _ibuf[1] = 0x01;//Destination - specific Parameters
    _ibuf[2] = 0x01;//NFCEE ID / NFCEE Interface Protocol [0x01]
    _ibuf[3] = 0x02;//Length = 2 [0x02]
    _ibuf[4] = 0x01;//NFCEE ID = [0x01]
    _ibuf[5] = 0x01;//NFCEE Interface Protocol = {Std} HCI Access [0x01]
    _ilen = 0x6;
    pNx->i_buf = _ibuf;
    pNx->i_len = _ilen;
    pNx->r_buf = _rbuf;
    pNx->r_len = &_rlen;
    if(Pnx_Nci_Dispatch(pNx,NFC_NCI_CORE_CONN_CREATE_CMD,pNx->i_len,pNx->i_buf,
    pNx->r_len,pNx->r_buf) == NFC_RES_ERR) return NFC_RES_ERR; /* Send RSET */
#if 0
    /*[22 01 02 01 01]
      NFCEE_MODE_SET_CMD
          * NFCEE ID = 1[0x01]
          * NFCEE Mode = Enable the connected NFCEE [0x01] */
    _ibuf[0] = 0x01;//NFCEE ID = 1[0x01]
    _ibuf[1] = 0x01;//NFCEE Mode = Enable the connected NFCEE [0x01]
    _ilen = 0x2;
    pNx->i_buf = _ibuf;
    pNx->i_len = _ilen;
    pNx->r_buf = _rbuf;
    pNx->r_len = &_rlen;
    if(Pnx_Nci_Dispatch(pNx,NFC_NCI_NFCEE_MODE_SET_CMD,pNx->i_len,pNx->i_buf,pNx
```

```
    ->r_len,pNx->r_buf) == NFC_RES_ERR) return NFC_RES_ERR; /* Send RSET */

    ESE_CHANNAL_DELAY;

#endif

    /*[22 01 02 01 01]
      NFCEE_MODE_SET_CMD
          * NFCEE ID = 1[0x01]
          * NFCEE Mode = Enable the connected NFCEE [0x01]*/
    _ibuf[0] = 0xC0;//NFCEE ID = 1[0x01]
    _ibuf[1] = 0x01;//NFCEE Mode = Enable the connected NFCEE [0x01]
    _ilen = 0x2;
    pNx->i_buf = _ibuf;
    pNx->i_len = _ilen;
    pNx->r_buf = _rbuf;
    pNx->r_len = &_rlen;
    if(Pnx_Nci_Dispatch(pNx,NFC_NCI_NFCEE_MODE_SET_CMD,pNx->i_len,pNx->i_buf,pNx
    ->r_len,pNx->r_buf) == NFC_RES_ERR) return NFC_RES_ERR; /* Send RSET */

    ESE_CHANNAL_DELAY;
#endif

    _ibuf[0] = 0x21;//RF_DSICOVER_CMD
    _ibuf[1] = 0x00;
    _ibuf[2] = 0x0a;
    _ibuf[3] = 0x03;
    _ibuf[4] = 0x04;
    _ibuf[5] = 0x01;
    _ibuf[6] = 0x83;
    _ibuf[7] = 0x05;
    _ibuf[8] = 0x03;
    _ibuf[9] = 0x03;
    _ibuf[0xa] = 0x80;
    _ibuf[0xb] = 0x01;
    _ibuf[0xc] = 0x80;
    pNx->i_buf = _ibuf;
    pNx->i_len = 0xd;
    pNx->r_buf = _rbuf;
    pNx->r_len = &_rlen;
    Pnx_Nci_Send(pNx);
```

```
memset(pNx->i_buf,0x0,pNx->i_len);
ESE_CHANNAL_DELAY;

_ibuf[0] = NFCEE_Enable_discovery;//Enable discovery of NFCEE
_ilen = 0x1;
pNx->i_buf = _ibuf;
pNx->i_len = _ilen;
pNx->r_buf = _rbuf;
pNx->r_len = &_rlen;
if(Pnx_Nci_Dispatch(pNx,NFC_NCI_NFCEE_DISCOVER_MCD,pNx->i_len,pNx->i_buf,pNx
->r_len,pNx->r_buf) == NFC_RES_ERR) return NFC_RES_ERR; /* Send RSET */
ESE_CHANNAL_DELAY;

/*[20 04 06 03 01 01 02 01 01]
   CORE_CONN_CREATE_CMD
        * Destination Type = {Std} NFCEE [0x03]
        * Number of Destination-specific Parameters = 1 [0x01]

            -->Destination-specific Parameter N° 1
                 - Type    = NFCEE ID / NFCEE Interface Protocol [0x01]
                 - Length = 2 [0x02]
                 - Value   = [0x01 0x01]
                 + NFCEE ID = [0x01]
                 + NFCEE Interface Protocol = {Std} HCI Access [0x01]*/
_ibuf[0] = 0x03;//NFCEE
_ibuf[1] = 0x01;//Destination-specific Parameters
_ibuf[2] = 0x01;//NFCEE ID / NFCEE Interface Protocol [0x01]
_ibuf[3] = 0x02;//Length = 2 [0x02]
_ibuf[4] = 0x01;//NFCEE ID                    = [0x01]
_ibuf[5] = 0x01;//NFCEE Interface Protocol = {Std} HCI Access [0x01]
_ilen = 0x6;
pNx->i_buf = _ibuf;
pNx->i_len = _ilen;
pNx->r_buf = _rbuf;
pNx->r_len = &_rlen;
if(Pnx_Nci_Dispatch(pNx,NFC_NCI_CORE_CONN_CREATE_CMD,pNx->i_len,pNx->i_buf,
pNx->r_len,pNx->r_buf) == NFC_RES_ERR) return NFC_RES_ERR; /* Send RSET */

ESE_CHANNAL_DELAY;

/*[ 03  00  02  81  03]
```

```
    DATA_PACKET
        * Message Type = DATA PACKET
        * Packet Boundary Flag  = The Packet contains a complete Message, or the
          Packet contains the last segment of a segmented Message [PBF = 0]
        * Connection Identifier = 3 [Conn ID = 0x3]
        * Payload Length = 2 [L = 0x02]
        * Payload = [0x81 0x03] * /
_ibuf[0] = 0x03;//Connection Identifier = 3 [Conn ID = 0x3]
_ibuf[1] = 0x00;//??
_ibuf[2] = 0x02;//Payload Length = 2 [L = 0x02]
_ibuf[3] = 0x81;//Open PIPE
_ibuf[4] = 0x03;//Open PIPE //administration gate
pNx->i_buf = _ibuf;
pNx->i_len = 0x5;
pNx->r_buf = _rbuf;
pNx->r_len = &_rlen;
Pnx_Nci_Send(pNx);
memset(pNx->i_buf,0x0,pNx->i_len);
ESE_CHANNAL_DELAY;

/ * [03 00 04 81 01 03 C0]
    DATA_PACKET
        * Message Type = DATA PACKET
        * Packet Boundary Flag  = The Packet contains a complete Message, or the
        * Packet contains the last segment of a segmented Message [PBF = 0]
        * Connection Identifier = 3 [Conn ID = 0x3]
        * Payload Length = 4 [L = 0x04]
        * Payload = [0x81 0x01 0x03 0xC0] * /
_ibuf[0] = 0x03;
_ibuf[1] = 0x00;
_ibuf[2] = 0x04;
_ibuf[3] = 0x81;/ * HCI admin: set whitelist * /
_ibuf[4] = 0x01;
_ibuf[5] = 0x03;
_ibuf[6] = 0xC0;
pNx->i_buf = _ibuf;
pNx->i_len = 0x7;
pNx->r_buf = _rbuf;
pNx->r_len = &_rlen;
Pnx_Nci_Send(pNx);
memset(pNx->i_buf,0x0,pNx->i_len);
```

```
ESE_CHANNAL_DELAY;

/*[03 00 03 81 02 01]
  DATA_PACKET
     * Message Type = DATA PACKET
     * Packet Boundary Flag   = The Packet contains a complete Message, or the
     * Packet contains the last segment of a segmented Message [PBF = 0]
     * Connection Identifier = 3 [Conn ID = 0x3]
     * Payload Length = 3 [L = 0x03]
     * Payload = [0x81 0x02 0x01] */
_ibuf[0] = 0x03;
_ibuf[1] = 0x00;
_ibuf[2] = 0x03;
_ibuf[3] = 0x81;/* get session id */
_ibuf[4] = 0x02;
_ibuf[5] = 0x01;
pNx->i_buf = _ibuf;
pNx->i_len = 0x6;
pNx->r_buf = _rbuf;
pNx->r_len = &_rlen;
Pnx_Nci_Send(pNx);
memset(pNx->i_buf,0x0,pNx->i_len);
ESE_CHANNAL_DELAY;

/*[03 00 03 81 02 04]
  DATA_PACKET
     * Message Type = DATA PACKET
     * Packet Boundary Flag   = The Packet contains a complete Message, or the
     * Packet contains the last segment of a segmented Message [PBF = 0]
     * Connection Identifier = 3 [Conn ID = 0x3]
     * Payload Length = 3 [L = 0x03]
     * Payload = [0x81 0x02 0x04] */
_ibuf[0] = 0x03;
_ibuf[1] = 0x00;
_ibuf[2] = 0x03;
_ibuf[3] = 0x81;/* HCI admin: get host list */
_ibuf[4] = 0x02;
_ibuf[5] = 0x04;
pNx->i_buf = _ibuf;
pNx->i_len = 0x6;
pNx->r_buf = _rbuf;
```

```
    pNx->r_len = &_rlen;
    Pnx_Nci_Send(pNx);
    memset(pNx->i_buf,0x0,pNx->i_len);
    ESE_CHANNAL_DELAY;

#if 0
    [21 01 16 00    04 01 03 00    01 05 01 03    C0 01 04 00 03 C0 01 00    00 03 C0 01    02]
      RF_SET_LISTEN_MODE_ROUTING_CMD
          * More = Last Message [0x00]
          * Number of Routing Entries = 4 [0x04]
            -->Routing Entry N° 1
                - Type = Protocol-based routing entry [0x01]
                - Length = 3 [0x03]
                - Value = [0x00 0x01 0x05]
                    + Route = DH NFCEE ID [0x00]
                    + Power State = Switched on [0x01]
                    + Protocol = {Std} PROTOCOL_NFC_DEP [0x05]

            -->Routing Entry N° 2
                - Type = Protocol-based routing entry [0x01]
                - Length = 3 [0x03]
                - Value = [0xC0 0x01 0x04]
                    + Route = Dynamically assigned by the NFCC [0xC0]
                    + Power State = Switched on [0x01]
                    + Protocol     = {Std} PROTOCOL_ISO_DEP [0x04]

            -->Routing Entry N° 3
                - Type = Technology-based routing entry [0x00]
                - Length = 3 [0x03]
                - Value = [0xC0 0x01 0x00]
                    + Route = Dynamically assigned by the NFCC [0xC0]
                    + Power State = Switched on [0x01]
                    + Technology    = {Std} NFC_RF_TECHNOLOGY_A [0x00]

            -->Routing Entry N° 4
                - Type = Technology-based routing entry [0x00]
                - Length = 3 [0x03]
                - Value = [0xC0 0x01 0x02]
                    + Route = Dynamically assigned by the NFCC [0xC0]
                    + Power State = Switched on [0x01]
                    + Technology = {Std} NFC_RF_TECHNOLOGY_F [0x02]
```

```
#endif
    _ibuf[0] = 0x21;//RF_SET_LISTEN_MODE_ROUTING_CMD
    _ibuf[1] = 0x01;
    _ibuf[2] = 0x16;
    _ibuf[3] = 0x00;
    _ibuf[4] = 0x04;
    _ibuf[5] = 0x01;

    _ibuf[6] = 0x03;
    _ibuf[7] = 0x00;
    _ibuf[8] = 0x01;
    _ibuf[9] = 0x05;
    _ibuf[10] = 0x01;
    _ibuf[11] = 0x03;

    _ibuf[12] = 0xC0;
    _ibuf[13] = 0x01;
    _ibuf[14] = 0x04;
    _ibuf[15] = 0x00;
    _ibuf[16] = 0x03;
    _ibuf[17] = 0xC0;
    _ibuf[18] = 0x01;
    _ibuf[19] = 0x00;

    _ibuf[20] = 0x00;
    _ibuf[21] = 0x03;
    _ibuf[22] = 0xC0;
    _ibuf[23] = 0x01;
    _ibuf[24] = 0x02;

    pNx->i_buf = _ibuf;
    pNx->i_len = 25;
    pNx->r_buf = _rbuf;
    pNx->r_len = &_rlen;
    Pnx_Nci_Send(pNx);
    memset(pNx->i_buf,0x0,pNx->i_len);
    ESE_CHANNAL_DELAY;

    //STANDBY DISABLE???
#if 0 //SOMETIME WILL HUANG UP
        /* Event used to trigger a soft reset of the NFCEE_eSE */
```

```
    _ibuf[0] = 0x03;//Connection Identifier = 3 [Conn ID = 0x3]
    _ibuf[1] = 0x00;//??
    _ibuf[2] = 0x02;//Payload Length = 3 [L = 0x03]
    _ibuf[3] = 0x99;//HCI(0x11 EVT_SOFT_RESET)
    _ibuf[4] = 0x61;//HCI(0x11 EVT_SOFT_RESET)????
    pNx->i_buf = _ibuf;
    pNx->i_len = 0x5;
    pNx->r_buf = _rbuf;
    pNx->r_len = &_rlen;
    Pnx_Nci_Send(pNx);
    memset(pNx->i_buf,0x0,pNx->i_len);
    ESE_CHANNAL_DELAY;
#endif

#if 0
[21 01 11 00  03 01 03 C0  81 04 00 03  C0 81 00 01 03 00 01 05]
RF_SET_LISTEN_MODE_ROUTING_CMD
   * More = Last Message [0x00]
   * Number of Routing Entries = 3 [0x03]
     -->Routing Entry N° 1
       - Type = Protocol-based routing entry [0x01]
       - Length = 3 [0x03]
       - Value  = [0xC0 0x81 0x04]
         + Route = Dynamically assigned by the NFCC [0xC0]
         + Power State = RFU [0x81]
         + Protocol = {Std} PROTOCOL_ISO_DEP [0x04]

     -->Routing Entry N° 2
       - Type = Technology-based routing entry [0x00]
       - Length = 3 [0x03]
       - Value = [0xC0 0x81 0x00]
         + Route = Dynamically assigned by the NFCC [0xC0]
         + Power State = RFU [0x81]
         + Technology = {Std} NFC_RF_TECHNOLOGY_A [0x00]

     -->Routing Entry N° 3
       - Type = Protocol-based routing entry [0x01]
       - Length = 3 [0x03]
       - Value = [0x00 0x01 0x05]
         + Route = DH NFCEE ID [0x00]
         + Power State = Switched on [0x01]
```

```
            + Protocol = {Std} PROTOCOL_NFC_DEP [0x05]

#endif
    _ibuf[0] = 0x21;//RF_SET_LISTEN_MODE_ROUTING_CMD
    _ibuf[1] = 0x01;
    _ibuf[2] = 0x11;
    _ibuf[3] = 0x00;
    _ibuf[4] = 0x03;
    _ibuf[5] = 0x01;

    _ibuf[6] = 0x03;
    _ibuf[7] = 0xC0;
    _ibuf[8] = 0x81;
    _ibuf[9] = 0x04;
    _ibuf[10] = 0x00;
    _ibuf[11] = 0x03;

    _ibuf[12] = 0xC0;
    _ibuf[13] = 0x81;
    _ibuf[14] = 0x00;
    _ibuf[15] = 0x01;
    _ibuf[16] = 0x03;
    _ibuf[17] = 0x00;
    _ibuf[18] = 0x01;
    _ibuf[19] = 0x05;

    pNx->i_buf = _ibuf;
    pNx->i_len = 20;
    pNx->r_buf = _rbuf;
    pNx->r_len = &_rlen;
    Pnx_Nci_Send(pNx);
    memset(pNx->i_buf,0x0,pNx->i_len);
    ESE_CHANNAL_DELAY;

    _ibuf[0] = 0x21;//RF_DSICOVER_CMD
    _ibuf[1] = 0x03;
    _ibuf[2] = 0x03;
    _ibuf[3] = 0x01;
    _ibuf[4] = 0x80;
    _ibuf[5] = 0x01;
    pNx->i_buf = _ibuf;
```

```
    pNx->i_len = 0x6;
    pNx->r_buf = _rbuf;
    pNx->r_len = &_rlen;
    Pnx_Nci_Send(pNx);
    memset(pNx->i_buf,0x0,pNx->i_len);
    ESE_CHANNAL_DELAY;

    return NFC_RES_OK;
}

int Server_SocketInit(PNX_HANDLE pNx)
{
    int ret = 0x0;
    int yes = 0x1;
    FILE * fp_inp = NULL;
    uint8_t port_ini[256] = {"echo "};

    Pnx_jrcp();

    struct sockaddr_in addr_org;  // Send address

    Server_sd = socket(AF_INET, SOCK_STREAM, IPPROTO_TCP);
    if(Server_sd == INVALID_SOCKET)
    {
        printf("socket init error ! \n\r");
        ret = 0x1;
    }
    else
    {
        addr_org.sin_family = AF_INET;
        addr_org.sin_addr.s_addr = inet_addr("0.0.0.0");  //Send IP 127.0.0.1;
                                                           //0.0.0.0; 192.128.0.1
        addr_org.sin_port = htons(8050); // Send Port
        addr_org.sin_addr.s_addr = INADDR_ANY;

        if (setsockopt(Server_sd,IPPROTO_TCP,TCP_NODELAY,&yes,sizeof(int)) ==
          SOCKET_ERROR)
        {
            printf("setsockopt error ! \n\r");
            ret = 0x1;
        }
```

```
        if (bind(Server_sd, (struct sockaddr * )&(addr_org), sizeof(struct sockaddr_
           in)) == SOCKET_ERROR)  //bind IP and port
        {
            pNx->pnx_print(pNx,"socket bind error ! \n\r");
            printf("\n\r(1) Re-open JCShell and typing '/term Remote'\n\r");
            printf("(2) Then input '/close' and shoutdown the JCshell\n\r");
            printf("(3) Wait a while then rerun the JRCP or try about ten times\n\r\n\r");
            ret = 0x1;
        }

        if(listen(Server_sd,5) == SOCKET_ERROR)
        {
            printf("socket listen error ! \n\r");
            ret = 0x1;
        }
    }

    sprintf(port_ini,"echo 0x%x > /data/nfc/port.ini",Server_sd);
    system(port_ini);
    //printf("XIAOHUA(%s)",port_ini);
    return ret;
}


int Server_exchangeAPDU(PNX_HANDLE pNx, int sClient, unsigned char * headerBuffer,
                        uint64_t length,_type_ATR atrr)
{
    NFC_STATUS res = NFC_RES_ERR;
    int ret = 0x1;
    uint64_t i = 0x0;
    unsigned char revData[TCP_BUFFER] = {0x0};

    switch(headerBuffer[JRCP_MTY_OFFSET]) {
        case JRCP_WAIT_FOR_CARD:
        {
            /*
            atr
            0x00210004
            0x002100029000
            */
            length = read(sClient, revData, TCP_BUFFER);
            unsigned char apdu [JRCP_HEADER_LENGTH] = {0x0};
```

```
        unsigned char respAPDU[] = {0x90, 0x00};
        unsigned char sock_resp[sizeof(respAPDU) + JRCP_HEADER_LENGTH];

        sock_resp[JRCP_MTY_OFFSET] = headerBuffer[JRCP_MTY_OFFSET];
        sock_resp[JRCP_NAD_OFFSET] = headerBuffer[JRCP_NAD_OFFSET];
        sock_resp[JRCP_LNH_OFFSET] = ((sizeof(respAPDU) >> 8) & 0xFF);
        sock_resp[JRCP_LNL_OFFSET] = (sizeof(respAPDU) & 0xFF );
        memcpy(&sock_resp[JRCP_PAYLOAD_OFFSET],&respAPDU[0], sizeof(respAP-
              DU));
        write(sClient,&sock_resp[0], JRCP_HEADER_LENGTH);
        write(sClient,&sock_resp[JRCP_PAYLOAD_OFFSET], sizeof(sock_resp) -
             JRCP_HEADER_LENGTH);
        if(atrr == _True_ATR)
        {
            pNx->_ese_started = FALSE;
            pNx->_started = FALSE;
            (pNx->_device_ == _PN553_CORE_) ? (Pnx_Ese_Start_p73(pNx,_Hide_
             ATR)):(Pnx_Ese_Start(pNx,_Hide_ATR));
            Pnx_Ese_Atr(pNx);
        }
        break;
    }
    case JRCP_APDU_DATA:
    {
        /*
        0x010000 15(length)
        */
        if(length == 0) {
            //empty APDU, e.g. CARD_PRESENT
            unsigned char sock_resp[JRCP_HEADER_LENGTH] = {0x0};
            sock_resp[JRCP_MTY_OFFSET] = headerBuffer[JRCP_MTY_OFFSET];
            sock_resp[JRCP_NAD_OFFSET] = headerBuffer[JRCP_NAD_OFFSET];
            sock_resp[JRCP_LNH_OFFSET] = 0;
            sock_resp[JRCP_LNL_OFFSET] = 0;
            write(sClient,&sock_resp[0], JRCP_HEADER_LENGTH);
            printf("\n\rCARD_PRESENT");
            break;
        }else {
            length = read(sClient, revData, TCP_BUFFER);

            if(length == 0) {
                printf("APDU cmd error");
```

```
}
unsigned char apdu[TCP_BUFFER] = {0x0};
memset(apdu,0x0,sizeof(apdu));

memcpy(&apdu[0],&revData[0],length);

for(i = 0x0;i<length;i ++ )
{
    if(i == 0x0)
    {
        printf("\n\r[Recv]0x");
    }
    printf(" %02X",apdu[i]);
}

if((apdu[0] == 0x80 || apdu[0] == 0x84) && (apdu[1] == 0xE4 || ap-
    du[1] == 0xE6)) {
    //delete cmd, reduce HCI timeout
    int timeout = 1000;
    //printf("\n\r( %d usec)",timeout);
    //usleep(timeout);
}
// unsigned char respAPDU[] = mSE.exchangeAPDU(mSMXHandle, apdu);
// TODO!!!

uint8_t respAPDU[TCP_BUFFER] = {0};
uint16_t r_len = 0;

memset(respAPDU,0x0,sizeof(respAPDU));
r_len = 0x0;

pNx->i_buf = apdu;
pNx->i_len = length;
pNx->r_buf = respAPDU;
pNx->r_len = &r_len;
pNx->jrcp = TRUE;
if(pNx->devType == FLASH_JCOP_CHANNEL_DWP)
{
    res = Pnx_Dwp_Send(pNx);
    r_len = *pNx->r_len - EVT_TRANSMIT_DATA_header;
}
```

```
else
{
    res = Pnx_Spi_Send(pNx);
}
if(res != NFC_RES_OK)
{
    printf("\n# Transaction Failed");
}
/*
/card
>0x00A4040000
                    <0x6F108408A000000151000000A5049F6501FF9000
[Fact]0x0300169950    6F108408A000000151000000A5049F----------

> 0x00a4040009
< 0x6F108408A000000151000000A5049F6501FF9000
[Fact]0x0300049950

>0x00A4040009A000000167413000FF
<0x6a82
*/

for(i = 0x0;i<r_len;i++)
{
    if(i == 0x0)
    {
        printf("\n\r[Send]0x");
    }
    printf("%02X",((pNx->devType == FLASH_JCOP_CHANNEL_SPI)?
            (respAPDU[i]):(respAPDU[i + EVT_TRANSMIT_DATA_header])));
}

unsigned char sock_resp[TCP_BUFFER] = {0x0};

sock_resp[JRCP_MTY_OFFSET] = headerBuffer[JRCP_MTY_OFFSET];
sock_resp[JRCP_NAD_OFFSET] = headerBuffer[JRCP_NAD_OFFSET];
sock_resp[JRCP_LNH_OFFSET] = ((r_len >> 8) & 0xFF);
sock_resp[JRCP_LNL_OFFSET] = (r_len & 0xFF );
memcpy(&sock_resp[JRCP_PAYLOAD_OFFSET],((pNx->devType == FLASH_
    JCOP_CHANNEL_SPI)? (&respAPDU[0]):(&respAPDU[EVT_TRANSMIT_
    DATA_header])),r_len);
```

```
            write(sClient,&sock_resp[0], JRCP_HEADER_LENGTH);
            write(sClient,&sock_resp[JRCP_PAYLOAD_OFFSET], r_len);
            break;
        }
    }
    case JRCP_STATUS:
    {
        printf("JRCP_STATUS cmd.");
        int payload_length = 4;
        unsigned char sock_resp[JRCP_HEADER_LENGTH + 4] = {0x0};

        sock_resp[JRCP_MTY_OFFSET] = headerBuffer[JRCP_MTY_OFFSET];
        sock_resp[JRCP_NAD_OFFSET] = headerBuffer[JRCP_NAD_OFFSET];
        sock_resp[JRCP_LNH_OFFSET] = ((payload_length >> 8) & 0xFF);
        sock_resp[JRCP_LNL_OFFSET] = (payload_length & 0xFF );
        sock_resp[JRCP_PAYLOAD_OFFSET] = 0;
        sock_resp[5] = 0;
        sock_resp[6] = 0;
        sock_resp[7] = 0x04;

        write(sClient,&sock_resp[0], JRCP_HEADER_LENGTH);
        write(sClient,&sock_resp[JRCP_PAYLOAD_OFFSET], sizeof(sock_resp) -
              JRCP_HEADER_LENGTH);
        break;
    }
    case JRCP_ERROR_MESSAGE:
    {
        printf("JRCP_ERROR_MESSAGE cmd.");
        if(length != JRCP_HEADER_LENGTH || headerBuffer[JRCP_LNH_OFFSET]! = 0
           || headerBuffer[JRCP_LNL_OFFSET]! = 0) {
            printf("bad cmd");
        }
        //TODO: how to get the error message?
        write(sClient,&revData[0], length);
        break;
    }
    case JRCP_TERMINAL_INFO:
    {
        printf("JRCP_TERMINAL_INFO cmd.");

        unsigned char * s = "2015-11-25 19:11:48";
```

```
            unsigned char sock_resp [JRCP_HEADER_LENGTH + sizeof(s)] = {0x0};
            sock_resp[JRCP_MTY_OFFSET] = headerBuffer[JRCP_MTY_OFFSET];
            sock_resp[JRCP_NAD_OFFSET] = headerBuffer[JRCP_NAD_OFFSET];
            sock_resp[JRCP_LNH_OFFSET] = ((sizeof(s) >> 8) & 0xFF);
            sock_resp[JRCP_LNL_OFFSET] = (sizeof(s) & 0xFF );
            memcpy(&sock_resp[JRCP_PAYLOAD_OFFSET],s,sizeof(s));
            write(sClient,&sock_resp[0], sizeof(sock_resp));
            break;
        }
        case JRCP_INIT_INFO:
        {
            printf("JRCP_INIT_INFO cmd.");
            length = read(sClient, revData, TCP_BUFFER);
            if(length == 0) {
                printf("JRCP_INIT_INFO cmd error");
            }
            write(sClient,&revData[0], JRCP_HEADER_LENGTH);
            break;
        }
        case JRCP_ECHO:
        {
            printf("JRCP_ECHO cmd.");
            length = read(sClient, revData, TCP_BUFFER);
            if(length == 0) {
                printf("JRCP_ECHO cmd error");
            }
            unsigned char textBytes[TCP_BUFFER] = {0x0};

            memcpy(&textBytes[JRCP_PAYLOAD_OFFSET],&revData[0],length - JRCP_HEAD-
                ER_LENGTH);
            printf("echo msg: % s",textBytes);
            break;
        }
#if 0
[Send]0x009000JRCP_DEBUG cmd.

=> 84 E8 00 00 FF C4 82 57 5E 01 00 1A DE CA FF ED    .......W^.......
   01 02 04 01 01 10 D1 56 00 01 01 81 13 70 00 00    .......V.....p..
   00 0A 00 00 00 A0 02 00 1F 00 1A 00 1F 00 14 00    ................
   32 05 D6 02 AF 44 66 00 27 09 B2 00 00 12 8F 00    2....Df.'.......
   21 00 03 00 14 05 01 00 04 00 32 05 00 01 07 A0    !.........2.....
   00 00 00 62 00 01 02 01 07 A0 00 00 00 62 01 01    ...b.........b..
```

```
00 01 06 A0 00 00 01 51 00 02 01 07 A0 00 00 00    .......Q........
62 01 02 02 01 07 A0 00 00 00 62 02 01 03 00 14    b.........b.....
01 10 D1 56 00 01 01 81 13 70 00 00 00 0A 00 00    ...V.....p......
00 A1 01 54 06 02 AF 80 00 80 00 02 00 02 01 04    ...T............
00 00 00 70 00 81 00 96 00 A7 00 80 00 02 01 01    ...p............
01 00 00 00 00 80 00 03 00 03 01 00 00 00 43 81    ..............C.
03 02 00 02 06 07 00 00 01 9B 01 D8 01 B1 02 F7    ................
02 FF 03 2B 03 7F 81 12 01 09 81 02 00 82 00 01    ...+............
0A 00 00 13 05 FF 00 01 02 00 00 04 85 04 DB 00    ................
00 4A 02 01 01 03 04 00 00 04 F7 04 3A 73 6C 7D    .J..........:sl}
5E 76 6F 75 00                                     ^vou.

#endif
        case JRCP_DEBUG:
        {
            /*
            upload
            0x07000022
            */
            pNx->pnx_print(pNx,"JRCP_DEBUG cmd.");
            length = read(sClient, revData, TCP_BUFFER);
            if(length == 0) {
                printf("APDU cmd error");
            }
            unsigned char sock_resp[JRCP_HEADER_LENGTH] = {0x0};

            sock_resp[JRCP_MTY_OFFSET] = headerBuffer[JRCP_MTY_OFFSET];
            sock_resp[JRCP_NAD_OFFSET] = headerBuffer[JRCP_NAD_OFFSET];
            sock_resp[JRCP_LNH_OFFSET] = 0;
            sock_resp[JRCP_LNL_OFFSET] = 0;

            write(sClient,&sock_resp[0], JRCP_HEADER_LENGTH);
            break;
        }
        default:
        {
            printf("bad cmd! cmd = %x",headerBuffer[0]);
            ret = 0x0;
        }
    }
    return ret;
}
```

```
NFC_STATUS Server_SocketReceiveThread(PNX_HANDLE pNx,_type_ATR atrr)
{
    fd_set fdset;
    static unsigned int loop_apdu = 0x0;
    uint64_t i = 0x0;
    unsigned char end_flag = 0x1;
    int sClient;
    struct sockaddr_in remoteAddr;
    int nAddrlen = sizeof(remoteAddr);
    unsigned char revData[TCP_HEAD];

    end_flag = Server_SocketInit(pNx);

    while (! end_flag)
    {
        if(loop_apdu ! = 0x01)
        {
            printf ("\n\r==============Usages==============\n\r(a)
                Waiting for the JCShell commands such as '/term Remote'\n\r(b) 'Ctrl
                + C or Z' for quit JRCP before didn't connected\n\r(c) Generally,
                ensure exit JCShell '/close' before kill JRCP\n\r=============
                =End==============\n");
               sClient = accept(Server_sd, (struct sockaddr *) &remoteAddr,
                                 &nAddrlen);
            if(sClient == INVALID_SOCKET)
            {
                printf("accept error !");
                continue;
            }
            pNx->pnx_print(pNx,"accepted by %s\r\n", inet_ntoa(remoteAddr.sin_ad-
            dr));
            printf("JCShell and JRCP connecting ...\r\n");
        }
        //Received data
        uint64_t ret = read(sClient, revData, TCP_HEAD);

        for(i = 0x0;i<ret;i++)
        {
            if(i == 0x0)
            {
                pNx->pnx_print(pNx,"\n\r0x");
```

```
            }
            pNx->pnx_print(pNx," % 02X",revData[i]);
        }
        //try again if all zero
            if (revData[0] == 0 && revData[1] == 0 && revData[2] == 0 && revData[3] == 0 )
        {
            ret = read(sClient, revData, TCP_HEAD);
        }

        if(ret ! = JRCP_HEADER_LENGTH){
            printf("\n\rbad data! \n\r");
            break;
        }

        loop_apdu = Server_exchangeAPDU(pNx,sClient,revData,ret,atrr);
    }
    close(Server_sd);
    //closesocket(Server_sd);
    return NFC_RES_OK;
}

NFC_STATUS Pnx_Set_Ese(PNX_HANDLE pNx,uint8_t sw)
{
    NFC_STATUS res = NFC_RES_ERR;
    uint8_t score[MAX_APDU_LEN] = {0};
    uint8_t _string_score[MAX_APDU_LEN] = {0};
    uint8_t c =0;
    uint8_t i =0;
    uint8_t digi_check = 0;
    uint8_t char_check = 0;
    uint8_t j =0;
    uint16_t k =0;
    uint8_t r_buf[MAX_APDU_LEN * 2] = {0};/ * In order to AC log more than 258 bytes * /
    uint16_t r_len = 0;
    //uint16_t r_len_ac = 0;
    uint8_t apdu_buf[MAX_APDU_LEN] = {0x00};
    uint8_t init_update_flag = 0x0;
    uint8_t key_version = 0x00;
    uint8_t log = 0;

    if(sw == FLASH_JCOP_CHANNEL_CONTACTLESS)
    {
```

```
        if(Pnx_Ese_Enabled(pNx) == NFC_RES_OK)
        {
            printf("\n\t\t -- 0x % 02X Enable eSE Contactless mode succeed\n",0);
        }
        else
        {
             printf("\n\t\t -- 0x % 02X Enable eSE Contactless mode failed\n",1);
        }
    if(sw == FLASH_JCOP_CHANNEL_DWP_JRCP)
    {
        return Server_SocketReceiveThread(pNx,_Fake_ATR);
}
    return NFC_RES_OK;
    }
}
```

根据上面的示例代码，从初始化 NFCC 射频前端到与 SE 之间建立 APDU 数据通信的通道示例过程日志如下(下面日志中的 AP 为应用处理器主机端，NFC 为射频控制器前端)：

```
AP ->NFC:
                          20 00 01 00
        Block size is: 4
NFC ->AP:
                          40 00 03 00 10 00
        Block size is: 6
AP ->NFC:
                          20 01 00
        Block size is: 3
NFC ->AP:
                          40 01 19 00 03 0E 02 01 08 00
                          01 02 03 80 82 83 84 02 5C 03
                          FF 02 00 04 51 11 01 0E
        Block size is: 28
AP ->NFC:
                          2F 02 00
        Block size is: 3
NFC ->AP:
                          4F 02 05 00 00 00 D2 9B
        Block size is: 8
AP ->NFC:
```

```
                              2F 00 01 01
      Block size is：4
NFC ->AP：
                              4F 00 01 00
      Block size is：4
AP ->NFC：
                              22 03 02 C0 03
      Block size is：5
NFC ->AP：
                              42 03 01 00
      Block size is：4
AP ->NFC：
                              20 02 24 01 A0 0F 20 00 00 00
                              00 00 00 00 00 00 00 00 00 00
                              00 00 00 00 00 00 00 00 00 00
                              00 00 00 00 00 00 00 00 00
      Block size is：39
NFC ->AP：
                              40 02 02 00 00
      Block size is：5
AP ->NFC：
                              20 02 05 01 A0 12 01 02
      Block size is：8
NFC ->AP：
                              40 02 02 00 00
      Block size is：5
AP ->NFC：
                              20 02 05 01 A0 EC 01 00
      Block size is：8
NFC ->AP：
                              40 02 02 00 00
      Block size is：5
AP ->NFC：
                              20 02 05 01 A0 ED 01 01
      Block size is：8
NFC ->AP：
                              40 02 02 00 00
      Block size is：5
AP ->NFC：
                              20 02 05 01 A0 F2 01 00
      Block size is：8
```

```
NFC ->AP:
                          40 02 02 00 00
        Block size is: 5
AP ->NFC:
                          21 00 0A 03 04 03 02 05 03 03
                          80 01 80
        Block size is: 13
NFC ->AP:
                          41 00 01 00
        Block size is: 4
AP ->NFC:
                          22 00 01 01
        Block size is: 4
NFC ->AP:
                          42 00 02 00 01
        Block size is: 5
AP ->NFC:
                          20 04 06 03 01 01 02 01 01
        Block size is: 9
NFC ->AP:
                          62 00 05 01 00 01 01 00
        Block size is: 8
NFC ->AP:
                          40 04 04 00 FF 01 03
        Block size is: 7
AP ->NFC:
                          03 00 02 81 03
        Block size is: 5
NFC ->AP:
                          62 00 05 C0 00 01 80 00
        Block size is: 8
NFC ->AP:
                          03 00 02 81 80
        Block size is: 5
AP ->NFC:
                          03 00 05 81 01 06 01 00
        Block size is: 8
NFC ->AP:
                          61 0A 06 01 00 03 C0 80 04
        Block size is: 9
NFC ->AP:
```

```
                              03 00 02 81 80
      Block size is: 5
AP ->NFC:
                              03 00 03 81 02 01
      Block size is: 6
NFC ->AP:
                              60 06 03 01 03 01
      Block size is: 6
NFC ->AP:
                              03 00 0A 81 80 FB EF FF FF F8
                              EF FF FF
      Block size is: 13
AP ->NFC:
                              03 00 06 81 01 03 02 C0 81
      Block size is: 9
NFC ->AP:
                              60 06 03 01 03 01
      Block size is: 6
NFC ->AP:
                              03 00 02 81 80
      Block size is: 5
AP ->NFC:
                              03 00 03 81 02 04
      Block size is: 6
NFC ->AP:
                              60 06 03 01 03 01
      Block size is: 6
NFC ->AP:
                              03 00 04 81 80 00 C0
      Block size is: 7
AP ->NFC:
                              03 00 03 81 02 07
      Block size is: 6
NFC ->AP:
                              60 06 03 01 03 01
      Block size is: 6
NFC ->AP:
                              03 00 08 81 80 00 00 01 00 03
                              00
      Block size is: 11
AP ->NFC:
```

```
                    21 01 1B 00 05 01 03 00 01 05
                    01 03 C0 01 04 00 03 C0 01 00
                    00 03 C0 01 01 00 03 C0 01 02
        Block size is: 30
NFC ->AP:
                    60 06 03 01 03 01
        Block size is: 6
NFC ->AP:
                    41 01 01 00
        Block size is: 4
AP ->NFC:
                    21 03 07 03 80 01 81 01 82 01
        Block size is: 10
NFC ->AP:
                    60 06 03 01 03 01
        Block size is: 6
NFC ->AP:
                    41 03 01 00
        Block size is: 4
AP ->NFC:
                    03 00 05 81 10 30 C0 30
        Block size is: 8
NFC ->AP:
                    61 0A 06 01 00 03 C0 81 04
        Block size is: 9
NFC ->AP:
                    03 00 02 81 83
        Block size is: 5
AP ->NFC:
                    03 00 02 99 03
        Block size is: 5
NFC ->AP:
                    60 06 03 01 03 01
        Block size is: 6
AP ->NFC:
                    03 00 02 99 51
        Block size is: 5
NFC ->AP:
                    60 06 03 01 03 01
        Block size is: 6
NFC ->AP:
```

```
                              03 00 16 99 52 3B 8F 80 01 4A
                              43 4F 50 34 2E 30 20 52 31 2E
                              30 30 2E 31 40
        Block size is：25
AP ->NFC：
                              20 00 01 00
        Block size is：4
NFC ->AP：
                              40 00 03 00 10 00
        Block size is：6
AP ->NFC：
                              20 01 00
        Block size is：3
NFC ->AP：
                              40 01 19 00 03 0E 02 01 08 00
                              01 02 03 80 82 83 84 02 5C 03
                              FF 02 00 04 51 11 01 0E
        Block size is：28
AP ->NFC：
                              2F 02 00
        Block size is：3
NFC ->AP：
                              4F 02 05 00 00 00 D2 9B
        Block size is：8
AP ->NFC：
                              2F 00 01 01
        Block size is：4
NFC ->AP：
                              4F 00 01 00
        Block size is：4
AP ->NFC：
                              22 03 02 C0 03
        Block size is：5
NFC ->AP：
                              42 03 01 00
        Block size is：4
AP ->NFC：
                              20 02 24 01 A0 0F 20 00 00 00
                              00 00 00 00 00 00 00 00 00 00
                              00 00 00 00 00 00 00 00 00 00
                              00 00 00 00 00 00 00 00 00
```

```
        Block size is: 39
NFC ->AP:
                              40 02 02 00 00
        Block size is: 5
AP ->NFC:
                              20 02 05 01 A0 12 01 02
        Block size is: 8
NFC ->AP:
                              40 02 02 00 00
        Block size is: 5
AP ->NFC:
                              20 02 05 01 A0 EC 01 00
        Block size is: 8
NFC ->AP:
                              40 02 02 00 00
        Block size is: 5
AP ->NFC:
                              20 02 05 01 A0 ED 01 01
        Block size is: 8
NFC ->AP:
                              40 02 02 00 00
        Block size is: 5
AP ->NFC:
                              20 02 05 01 A0 F2 01 00
        Block size is: 8
NFC ->AP:
                              40 02 02 00 00
        Block size is: 5
AP ->NFC:
                              21 00 0A 03 04 03 02 05 03 03
                              80 01 80
        Block size is: 13
NFC ->AP:
                              41 00 01 00
        Block size is: 4
AP ->NFC:
                              22 00 01 01
        Block size is: 4
NFC ->AP:
                              42 00 02 00 01
        Block size is: 5
```

```
AP ->NFC:
                              20 04 06 03 01 01 02 01 01
      Block size is: 9
NFC ->AP:
                              62 00 05 01 00 01 01 00
      Block size is: 8
NFC ->AP:
                              40 04 04 00 FF 01 03
      Block size is: 7
AP ->NFC:
                              03 00 02 81 03
      Block size is: 5
NFC ->AP:
                              62 00 05 C0 00 01 80 00
      Block size is: 8
NFC ->AP:
                              03 00 02 81 80
      Block size is: 5
AP ->NFC:
                              03 00 05 81 01 06 01 00
      Block size is: 8
NFC ->AP:
                              61 0A 06 01 00 03 C0 80 04
      Block size is: 9
NFC ->AP:
                              03 00 02 81 80
      Block size is: 5
AP ->NFC:
                              03 00 03 81 02 01
      Block size is: 6
NFC ->AP:
                              60 06 03 01 03 01
      Block size is: 6
NFC ->AP:
                              03 00 0A 81 80 FB EF FF FF F8
                              EF FF FF
      Block size is: 13
AP ->NFC:
                              03 00 06 81 01 03 02 C0 81
      Block size is: 9
NFC ->AP:
```

```
                    60 06 03 01 03 01
        Block size is: 6
NFC ->AP:
                    03 00 02 81 80
        Block size is: 5
AP ->NFC:
                    03 00 03 81 02 04
        Block size is: 6
NFC ->AP:
                    60 06 03 01 03 01
        Block size is: 6
NFC ->AP:
                    03 00 04 81 80 00 C0
        Block size is: 7
AP ->NFC:
                    03 00 03 81 02 07
        Block size is: 6
NFC ->AP:
                    60 06 03 01 03 01
        Block size is: 6
NFC ->AP:
                    03 00 08 81 80 00 00 01 00 03
                    00
        Block size is: 11
AP ->NFC:
                    21 01 1B 00 05 01 03 00 01 05
                    01 03 C0 01 04 00 03 C0 01 00
                    00 03 C0 01 01 00 03 C0 01 02
        Block size is: 30
NFC ->AP:
                    60 06 03 01 03 01
        Block size is: 6
NFC ->AP:
                    41 01 01 00
        Block size is: 4
AP ->NFC:
                    21 03 07 03 80 01 81 01 82 01
        Block size is: 10
NFC ->AP:
                    60 06 03 01 03 01
        Block size is: 6
```

```
NFC ->AP:
                        41 03 01 00
     Block size is: 4
AP ->NFC:
                        03 00 05 81 10 30 C0 30
     Block size is: 8
NFC ->AP:
                        61 0A 06 01 00 03 C0 81 04
     Block size is: 9
NFC ->AP:
                        03 00 02 81 83
     Block size is: 5
AP ->NFC:
                        03 00 02 99 51
     Block size is: 5
NFC ->AP:
                        60 06 03 01 03 01
     Block size is: 6
NFC ->AP:
                        03 00 16 99 52 3B 8F 80 01 4A
                        43 4F 50 34 2E 30 20 52 31 2E
                        30 30 2E 31 40
     Block size is: 25
AP ->NFC:
                        21 06 01 00
     Block size is: 4
NFC ->AP:
                        60 06 03 01 03 01
     Block size is: 6
NFC ->AP:
                        41 06 01 00
     Block size is: 4
AP ->NFC:
                        22 01 02 C0 00
     Block size is: 5
NFC ->AP:
                        61 0A 06 01 00 03 C0 82 03
     Block size is: 9
NFC ->AP:
                        42 01 01 00
     Block size is: 4
```

```
AP ->NFC:
                        22 01 02 C0 01
      Block size is: 5
NFC ->AP:
                        42 01 01 00
      Block size is: 4
AP ->NFC:
                        21 03 07 03 80 01 81 01 82 01
      Block size is: 10
NFC ->AP:
                        41 03 01 00
      Block size is: 4
AP ->NFC:
                        03 00 05 81 10 30 C0 30
      Block size is: 8
NFC ->AP:
                        60 06 03 01 03 01
      Block size is: 6
NFC ->AP:
                        03 00 02 81 83
      Block size is: 5
AP ->NFC:
                        03 00 07 99 50 80 CA 9F 7F 00
      Block size is: 10
NFC ->AP:
                        60 06 03 01 03 01
      Block size is: 6
NFC ->AP:
                        03 00 31 99 50 9F 7F 2A 47 90
                        05 73 47 01 21 98 01 00 63 57
                        00 84 68 94 02 88 48 10 00 00
                        00 51 00 00 04 1B 55 93 E1 3E
                        80 01 00 00 00 00 00 53 52 44
                        90 00
      Block size is: 52
AP ->NFC:
                        20 02 0C 01 A0 EB 08 FF FF FF
                        FF FF FF FF FF
      Block size is: 15
NFC ->AP:
                        40 02 04 09 01 A0 EB
```

```
        Block size is: 7
AP ->NFC:
                                03 00 0F 99 50 00 A4 04 00 08
                                A0 00 00 01 51 00 00 00
        Block size is: 18
NFC ->AP:
                                60 06 03 01 03 01
        Block size is: 6
NFC ->AP:
                                03 00 16 99 50 6F 10 84 08 A0
                                00 00 01 51 00 00 00 A5 04 9F
                                65 01 FF 90 00
        Block size is: 25
==============Usages===========
(a) Waiting for the JCShell commands such as '/term Remote'
(b) 'Ctrl + C or Z' for quit JRCP before didn't connected
(c) Generally, ensure exit JCShell '/close' before kill JRCP
==============End==============
accepted by 127.0.0.1
JCShell and JRCP connecting ...

0x00210004
0x00210004
0x0100000E
[Recv]0x00A4040009A00000167413000FFAP ->NFC:
                                03 00 10 99 50 00 A4 04 00 09
                                A0 00 00 01 67 41 30 00 FF
        Block size is: 19
NFC ->AP:
                                60 06 03 01 03 01
        Block size is: 6
NFC ->AP:
                                03 00 04 99 50 6A 82
        Block size is: 7
[Send]0x6A82
0x0100000E
[Recv]0x00A4040009A00000167413000FFAP ->NFC:
                                03 00 10 99 50 00 A4 04 00 09
                                A0 00 00 01 67 41 30 00 FF
        Block size is: 19
NFC ->AP:
```

```
                              60 06 03 01 03 01
         Block size is：6
NFC ->AP：
                              03 00 04 99 50 6A 82
         Block size is：7
[Send]0x6A82
0x01000005
[Recv]0x00A4040000AP ->NFC：
                              03 00 07 99 50 00 A4 04 00 00
         Block size is：10
NFC ->AP：
                              60 06 03 01 03 01
         Block size is：6
NFC ->AP：
                              03 00 16 99 50 6F 10 84 08 A0
                              00 00 01 51 00 00 00 A5 04 9F
                              65 01 FF 90 00
         Block size is：25
```

在主机端 JCSHELL 发送的日志如下：

```
--------------------------------------------------------------
Welcome to NXP JCShell!
(c) 2014 NXP Semiconductors Germany GmbH
--------------------------------------------------------------

setting scripts - folder to ./scripts ...
enabling modes echo and trace...
 - /term Remote
 -- Opening terminal
> /atr
resetCard with timeout：0 (ms)
 -- Waiting for card...
ATR = 90 00                ..
IOCTL().
ATR：
          T = 0
> /card
resetCard with timeout：0 (ms)
 -- Waiting for card...
ATR = 90 00                ..
IOCTL().
```

```
ATR:
          T = 0
=> 00 A4 04 00 00          .....
(158985 usec)
<= 6F 10 84 08 A0 00 00 01 51 00 00 00 A5 04 9F 65     o.......Q......e
   01 FF 90 00          ....
Status: No Error
cm>
```

以上示例的日志为NFC射频前端控制器与SE安全芯片之间已经建立的数据通道，再进行后面的例如建立安全通道，安装、个人化、删除应用程序等操作。如果数据还是要通过NFC射频前端控制器转发到SE安全芯片，那么主机端直接与SE之间发送APDU命令即可。此过程为主机端与SE之间直接建立安全数据通道和通信，NFC射频前端控制器将会对数据包进行NCI命令格式打包，或者直接透传。下面为上层应用程序打包在NCI数据包中的相关日志摘要。

```
84E8xxxx : load;
84E6xxxx : install for load;
8050xxxx : Initialize update;
8052xxxx : Start session;
8488xxxx : Internal authenticate (ECDH) ;
848200xx : External authenticate, plain;
848201xx : External authenticate, MAC;
848203xx : External authenticate, ENC;
80E2xxxx : Store data;Need ISD Key Authentication;
80F0807F00 : Card lock;
80F0800F00 : Card unlock;
80F0608F#(SSD_AID) : Lock SSD;
80F0600F#(SSD_AID) : Unlock SSD;

80F21002#(4F00)
80F24002#(4F00)
80F28002#(4F00)
80F21002#(4F#(Applet_AID)) : Get status;
80F0080FF00 : SE terminated;
delete -r |ASCII|
```

参考文献

[1] ISO International Organization for Standardization, IEC International Electrotechnical Commission. ISO/IEC 7816-4：1995[EB/OL].（1995-09）[2019-03-20]. http://www. iso. org/iso/home. html.

[2] ISO International Organization for Standardization, IEC International Electrotechnical Commission. ISO/IEC 28361：2007[EB/OL].（2007-10）[2019-03-20]. http://www. iso. org/iso/home. html.

[3] ISO International Organization for Standardization, IEC International Electrotechnical Commission. ISO/IEC 7816-3：1997 [EB/OL].（1997-11）[2019-03-20]. http://www. iso. org/iso/home. html.

[4] ISO International Organization for Standardization, IEC International Electrotechnical Commission. ISO/IEC 14443：2018 [EB/OL].（2018-04）[2019-03-20]. http://www. iso. org/iso/home. html.

[5] ISO International Organization for Standardization, IEC International Electrotechnical Commission. ISO/IEC 15408：2009 [EB/OL].（2009-12）[2019-03-20]. http://www. iso. org/iso/home. html.

[6] ISO International Organization for Standardization, IEC International Electrotechnical Commission. ISO/IEC JTC 1/SC 17 [EB/OL].（2009-12）[2019-03-20]. http://www. iso. org/iso/home. html.

[7] ETSI/TS European Telecommunications Standards Institute Technical Specification . ETSI 6 ETSI TS 102 226 V9. 2. 0[EB/OL].（2010-04）[2019-03-20]. http://www. etsi. org/WebSite/homepage. aspx.

[8] ETSI/TS European Telecommunications Standards Institute Technical Specification . ETSI 6 ETSI TS 102 613 V7. 3. 0 [EB/OL].（2008-09）[2019-03-20]. http://www. etsi. org/WebSite/homepage. aspx.

[9] Ecma European Computer Manufacturers Association TC47. ECMA-373 V2 [EB/OL]. (2012-06) [2019-03-20]. http://ecma-international. org/publications/standards/Ecma-373. htm.

[10] NFC Forum. NFC Data Exchange Format (NDEF) Technical Specification [EB/OL]. (2011-04) [2019-03-20]. http://www. nfc-forum. org/aboutus/committees/.

[11] NFC Forum. NFC Forum Type 1 Tag Operation Specification 1. 1 [EB/OL]. (2011-05)[2019-03-20]. http://www. nfc-forum. org/aboutus/committees/.

[12] NFC Forum. NFC Forum Type 2 Tag Operation Specification 1. 1 [EB/OL]. (2011-06)[2019-03-20]. http://www. nfc-forum. org/aboutus/committees/.

[13] NFC Forum. NFC Forum Type 3 Tag Operation Specification 1. 1[EB/OL]. (2011-06)[2019-03-20]. http://www. nfc-forum. org/aboutus/committees/.

[14] NFC Forum. NFC Forum Type 4 Tag Operation Specification 2. 0[EB/OL]. (2011-06)[2019-03-20]. http://www. nfc-forum. org/aboutus/committees/.

[15] GP Global Platform. GlobalPlatform Card Specification Version 2. 2. 1[EB/OL]. (2011-01)[2019-03-20]. https://www. globalplatform. org/home. asp.

[16] Java API Specifications. JAVA CARD CLASSIC PLATFORM SPECIFICATION 3. 1[EB/OL]. (2019-01)[2019-03-20]. https://www. oracle. com/java/java-card. html.

[17] Common Criteria. International Technical Communities and Collaborative Protection Profiles[EB/OL]. (2019-01)[2019-03-20]. https://www. commoncriteriaportal. org/.

[18] ARM. Arm SecurCore SC300 Processor[EB/OL]. (2019-01)[2019-03-20]. https://www. arm. com/.

[19] China UnionPay[EB/OL]. [2019-03-20]. http://cn. unionpay. com/.

[20] EMVCo[EB/OL]. [2019-03-20]. http://www. emvco. com/specifications. aspx.

[21] OSCCA[EB/OL]. [2019-03-20]. http://www. oscca. gov. cn/.

[22] NXP semiconductors[EB/OL]. [2019-03-20]. http://www. nxp. com/.

[23] STMicroelectronics[EB/OL]. [2019-03-20]. http://www. st. com/content/

st_com/en. html.

[24] Broadcom Limited[EB/OL]. [2019-03-20]. https://www. broadcom. com/.

[25] Oberthur Technologies[EB/OL]. [2019-03-20]. http://www. oberthur. com.

[26] Java SE downloads [EB/OL]. [2019-03-20]. http://www. oracle. com/technetwork/java/javase/downloads/index. html.

[27] GP-Shell 工具参考[EB/OL]. [2019-03-20]. https://sourceforge. net/p/globalplatform/wiki/GPShell/.

[28] PNX 工具参考[EB/OL]. [2019-03-20]. https://github. com/forcycle/sword-beach.

[29] 王晓华. NFC 技术基础篇[M]. 北京:北京航空航天出版社,2017.

[30] 王晓华. RCC、MST 和 NFC 标准及技术应用[M]. 北京:北京航空航天出版社,2018.